#hilfmir

Die 100 häufigsten Fragen und Antworten
zum Thema *Flirten, Liebe & Beziehung*

Von
ChrissKiss

mit
Ignatz Rajher

Ausgabe 1, 2019

Umschlaggestaltung, Illustration: Christopher Badziong
Verlag: Independently published (Ignatz Rajher)
ISBN - Paperback: 9781698202075

Christopher Badziong *(alias ChrissKiss)*
Ellerstraße 26
53119 Bonn
E-Mail-Adresse: buch@ChrissKiss.de
Website: https://www.ChrissKiss.de
YouTube-Kanal: https://www.youtube.de/ChrissKiss

Ignatz Rajher
Parlweg 4A
30419 Hannover
E-Mail-Adresse: ignatzrajherpublishing@gmx.de
Website: https://www.ignatzrajher.de/

Bibliografische Information der Deutschen Nationalbibliothek

Die Deutsche Nationalbibliothek verzeichnet diese Publikation in der Deutschen Nationalbibliografie. Detaillierte bibliografische Daten sind im Internet über http://dnb.d-nb.de abrufbar.

Inhaltsverzeichnis

Vorwort

Wie kann ich ein Mädchen ansprechen? Wie finde ich eine Freundin? Warum antwortet sie mir nicht? Wie soll ich sie anschreiben? Und warum hat sie nie Zeit für ein Treffen? Diese und unzählige weitere Fragen habe ich in den letzten 4 Jahren auf meinem YouTube-Kanal beantwortet.

Hi, ich bin Chris und irgendwas zwischen Flirtcoach, großer Bruder und ein ganz normaler Typ von nebenan. Auf meinem Kanal *ChrissKiss* gebe ich Tipps in den Bereichen *Flirten, Liebe & Beziehung* – daraus sind bereits Hunderte Beziehungen entstanden und sogar schon ein Kind – no Joke ;-)

Ein Format ist dabei besonders beliebt: *#hilfmir*. Dort können Zuschauer Fragen einreichen, die ich dann in Videos beantworte. Und davon gab es in den letzten Jahren eine ganze Menge: Von Ansprechangst, über dem Schreiben bei WhatsApp, der Bedeutung von Herzchen-Emojis, dem Kuss beim ersten Date, bis hin zur Frage aller Fragen: *Wie komme ich mit ihr zusammen?*

Fragen, die immer und immer wieder auftauchen. Aus diesem Grund ist dieses Buch in Zusammenarbeit mit einem erfahrenen Autor entstanden. Es beinhaltet die 100 häufigsten Fragen aus den Bereichen *Flirten, Liebe, Dating & Beziehung* und ist somit dein ultimativer Ratgeber! Ab sofort kannst du dieses Buch einfach aufschlagen, wenn du vor einem Problem stehst oder in einer bestimmten Situation mit einem Mädchen nicht mehr weiterweißt. Dabei ist es auch egal, wie alt du bist: Die Tipps in diesem Buch helfen jedem – egal, ob du mitten in der Pubertät steckst, gerade deine Ausbildung machst oder sogar schon aus der ersten Ehe kommst.

Denn ein wesentliches Problem ist altersunabhängig: Falsche Vorstellungen von der Liebe. Wir leben in einer Welt, in welcher es an ehrlichen, effektiven und praxistauglichen Flirt-, Liebes- & Beziehungsratschlägen mangelt. Der Durchschnittskerl richtet seine Fragen viel zu oft an seine unmittelbare Umgebung. An Freunde, die selbst keinen Erfolg bei Mädels haben, Filme, die dir vermitteln wollen, dass du dem Mädel bis in alle Ewigkeit hinterherrennen musst oder deine Eltern, die dich zu einem guten Jungen erziehen wollen – aber nicht zu einem attraktiven Mann.

Du kennst es vermutlich selbst: Die Tipps, die du dort bekommst, klingen schön und romantisch, helfen aber meist nicht. Weil viel zu häufig einfach nur Dinge weitergeplappert werden, die man irgendwo aufgeschnappt hat.

Wir leben in einer Welt voller verzweifelter Singles. Gerade in Deutschland haben viele Männer bei Flirt-, Liebes- & Beziehungsfragen überhaupt keinen Durchblick. Es fehlt ihnen schlicht und ergreifend an der nötigen Erfahrung, um praxistaugliche Ratschläge geben zu können. Die Ratschläge von diesen Menschen sind zwar gut gemeint, aber leider auch nicht mehr. Zu vergleichen wäre das mit einem übergewichtigen Fitnesstrainer, der dir erzählen will, wie, wann und wo du am besten Sport treiben solltest, während er neben dir gerade einen fettigen Burger verputzt. Funktioniert nicht.

Wo sollte man sich also Ratschläge holen? Bei Leuten, die bereits eigene Erfahrungen in diesem Bereich gemacht haben, die selbst einen Wandel vom schüchternen Loser zum selbstbewussten Mann durchgemacht haben und dir echte Tipps geben können, welche auf persönlichen Erfahrungen beruhen und in der Realität tatsächlich funktionieren.

Das Ziel ist es nicht, der größte Frauenheld aller Zeiten zu werden, sondern authentisch zu sein. Das versuche ich dir zu vermitteln. Ich habe früher die gleichen dummen Fehler gemacht wie du. Und ich habe in meinem Leben vermutlich weitaus mehr Körbe gesammelt als du. Aber ich habe daraus gelernt und unzählige tolle Erfahrungen mit Frauen gesammelt. Meine Tipps sind lebensnah, weil sie alle auf Praxiserfahrung beruhen. So lebensnah, dass selbst Mütter und Väter ihren Söhnen meine Videos zeigen, damit diese endlich aus ihrem Loch rauskommen (kein Witz – solche Zuschauermails von Eltern habe ich tatsächlich schon bekommen).

Mir schreiben immer wieder Zuschauer in den Kommentaren meiner Videos, wie sie es mit meinen Tipps geschafft haben, ihren Schwarm anzusprechen oder sogar eine Freundin zu finden. Ich habe Menschen aus ihren Depressionen geholt und sogar schon Typen dabei geholfen, einen Job zu finden. Denn Flirt-Skills bedeuten immer auch soziale Skills – und diese helfen dir dein ganzes Leben lang.

Die 100 häufigsten #hilfmir-Fragen sollen dir helfen. Sie sollen dich vor unnötigen Fehlern bewahren und dich auf den richtigen Weg bringen! Wenn du es zulässt, dann werden sie dir als Wegweiser bei all deinen Dating- und Frauen-Fragen behilflich sein – und dich als Menschen nachhaltig verändern – zu der besten Version von dir selbst! Mache dich nun bereit für eine abgefahrene Reise durch die *Ups and Downs* der am häufigsten gestellten Fragen von Jungs & Männern jeder Altersklasse.

Wir wünschen dir viel Spaß beim Lesen, viele Aha-Momente und vor allem mehr Erfolg bei Frauen :-)

- ChrissKiss und Ignatz Rajher

Einführung

Lass uns zu Beginn doch erstmal darüber sprechen, wie du am besten mit diesem Buch und den einzelnen Kapiteln arbeiten kannst.

In Kapitel 1 gibt es einen Realitätscheck für dich. Im Moment denkst du noch auf die falsche Art und Weise über dich, über Frauen und das Leben an sich. Vieles von dem, was du denkst, dass es auf Frauen oder auf dich als Mann zutrifft, ist entweder falsch oder pure Programmierung. Die Gesellschaft, in der wir leben, zielt nicht unbedingt darauf hinaus, haufenweise kleine Casanovas oder Don Juans zu erziehen. Ihr Ziel ist es eher, dich zu einem langweiligen 0815-Typen auszubilden, der auf keinen Fall irgendwo anecken darf. Daher ist vieles, das dir beigebracht wird, darauf ausgerichtet, dein Flirtpotenzial und deine Sexualität zu unterdrücken. Immer wieder heißt es „Sei nett zu allen“, „Benimm dich“ oder „Trag das Mädel auf Händen“. Klar, denn so ist es auch für den Rest der Gesellschaft am besten. Auf keinen Fall aber für dich.

Die (Flirt-)Realität da draußen sieht anders aus als das, was du vermutlich bisher geglaubt hast. Ein enorm wichtiger Aspekt deines zukünftigen Erfolgs liegt auch darin, welches Mindset (zu Deutsch: Denkweise) du mit dir herumträgst. Auf welche Art du mit Fehlschlägen umgehst und ob du dazu bereit bist, an dir zu arbeiten, statt Ausreden zu benutzen, wie beispielsweise *„Ich bin einfach so. Ich kann mich nicht ändern“.*

In Kapitel 2 wird es sehr praktisch werden. Es geht um die größte Hürde überhaupt: Das Ansprechen. Du wirst lernen, wie du ohne großen Aufwand Mädchen oder Frauen ansprichst und sie für dich gewinnst. Dabei spielt es keine Rolle, ob du das im Alltag, im Club, in einem Geschäft, in öffentlichen Verkehrsmitteln, in der Schule oder sonst wo machst.

In Kapitel 3 widmen wir uns dem häufigsten Problem der Jugend: Der Schreiberei. Egal, ob bei WhatsApp, Facebook, Instagram oder den bekannten Dating-Apps. Hier kriegst du Antworten zu den Fragen „Wie, wann und wieso schreibe ich am besten mit einem Mädel?“ und „Was soll ich machen, wenn sie XYZ antwortet?“.

In Kapitel 4 wirst du lernen, wie du auf einige der häufigsten Reaktionen von Mädchen und Frauen reagieren solltest, um stets einen klaren Kopf zu bewahren. „Ist das Anlächeln ein Zeichen von Interesse? Und wie reagiere ich idealerweise auf einen Korb?“ Nach diesem Kapitel bist du für jede Situation gewappnet!

In Kapitel 5 entführe ich dich in die Welt des „Datings“. Dort wirst du eine Menge darüber lernen, wie du dich bei einem Date verhalten solltest und wie du sogar schon beim ersten Date zum Kuss kommst – natürlich ohne Friendzone-Level 9.000 zu erreichen.

In Kapitel 6 dreht sich alles um Beziehungsfragen. Dabei wirst du nicht nur vieles über „reale“ Beziehungen lernen, sondern auch das ein oder andere über „Internet-/Fernbeziehungen“. Und du erfährst, warum eine „reale“ Beziehung immer die bessere Wahl ist.

In Kapitel 7 werfen wir gemeinsam noch einmal einen Blick auf die gefürchtete „Friendzone“. Ich zeige dir, wie du es vermeidest, in der Freundschaftsschiene zu landen und natürlich auch, was zu tun ist, wenn das Kind bereits im Brunnen gelandet ist und du wieder aus der Friendzone entkommen willst.

Mit dieser kurzen Übersicht im Kopf bist du nun bereit, deine Reise zu einem völlig neuen Ich zu ergründen. Zu einer Version 2.0 von dir, einem Update deines Ichs, einem Typen, der in Zukunft kein Problem mehr mit Mädels hat und der endlich die Beziehung findet, die ihn glücklich macht – ganz ohne gesellschaftliches Blabla.

P.S. Wenn dir dieses Buch gefällt, dann denke bitte daran, nach dem Lesen eine ehrliche Rezension auf Amazon zu hinterlassen. Wir können es schon kaum erwarten, dein Feedback zu lesen! Am Ende findest du übrigens noch den ein oder anderen netten Bonus. Ein Blick lohnt sich.

Kapitel 1: Realitätscheck

#1:Was ist wichtiger: Aussehen oder Charakter?

Über diese altbekannte Frage streiten wir Männer uns schon seitdem wir denken können. Deshalb ist es auch die erste Frage, mit der wir uns beschäftigen, da sie wesentlich für dein zukünftiges Mindset ist. Während viele Männer bei Frauen zu Beginn nur aufs Aussehen achten *(Frauen wissen das)*, ist es andersherum für viele Männer immer noch ein großes Rätsel. Was davon wirklich wichtiger ist, wirst du nun erfahren.

Vorab: Sich NUR auf eines von beiden Dingen festzulegen, ist völliger Bullshit. Beide Aspekte müssen zusammenpassen und stimmen. Das Ganze hat aber nichts mit „Glück“ oder deinen „Genen“ zu tun. Ich zeige dir wieso.

Fangen wir mit dem Klischee-Typen an. Dieser denkt, dass es nur aufs Aussehen ankommt, während er sich selbst meist darüber beklagt, in der Gen-Lotterie anscheinend den Kürzeren gezogen zu haben. Wer so denkt, kann seinen Augen meist nicht trauen, wenn er mal auf der Straße eine unglaublich heiße Frau sieht, welche Hand in Hand mit einem älteren, dickeren und scheinbar unattraktiven Mann durch die Straßen schlendert. Dies ist ein Bild, das sich zum Beispiel sehr häufig in Polen zeigt. Darauf reagiert unser Klischee-Typ meist nur mit dem verwirrten WTF-Blick. Und ihm ist sofort klar: Der Typ muss Geld haben, sonst würde er niemals so eine Frau abbekommen. Dass die Frau allerdings aus anderen Gründen mit dem Mann zusammen ist, z. B. aufgrund seiner starken und gefestigten Persönlichkeit, das würde unser Klischee-Kerlchen sich nicht eingestehen wollen. Denn damit würde er sich ja ein Eigentor schießen und müsste zugeben, dass er nicht einmal einen coolen Charakter zu bieten hat.

Um diesen Punkt ein für alle Mal zu klären: Selbst, wenn dieser eine Typ Geld hat. Geld impliziert immer Erfolg. Und Erfolg beinhaltet sehr viele, sehr attraktive Eigenschaften, wie Zielstrebigkeit, Ehrgeiz, Durchhaltevermögen und viele mehr.

Wie sieht es nun aus, wenn du einfach nur „gut aussiehst“? Stell dir vor, ein gutaussehender Kerl fängt eine Beziehung mit einem Mädel an. Er sieht zwar gut aus und das Mädel kann mit ihm als „Fang“ ein wenig vor ihren Freundinnen angeben. Mit der Zeit zeigt sich aber: Die beiden sind nicht auf einer Wellenlänge. Sie lernt ihn als Person (also seinen Charakter) immer besser kennen und erkennt, dass er mit der Zeit immer weniger attraktiv auf sie wirkt. Sein Aussehen war vielleicht sein Türöffner, sein Charakter war aber entscheidend dafür, ob die Beziehung auch wirklich klappt. Das Resultat: Früher oder später trennen sie sich.

Ja, ein gutes Aussehen ist ein Pluspunkt, es bedeutet aber nicht, dass du den großen Freifahrtschein hast und dir die Frauen zu Füßen liegen. Es gibt etliche gutaussehende Typen da draußen, die seit Jahren verzweifelte Singles sind. Warum? Weil sie ihren Arsch nicht hochkriegen. Denn auch mit einem guten Aussehen spricht sich das Mädel nicht von selbst an. Frage dich bei dem Thema auch immer: Würdest du wirklich mit einem Mädel zusammen sein wollen, welches nur aufgrund deines Aussehens mit dir zusammen ist? Ziemlich deprimierende Vorstellung. Du solltest also mehr zu bieten haben als ein paar kräftige Oberarme.

Das andere Extrem ist natürlich nicht besser: Jungs & Männer, die denken, ein guter Charakter zeichne sich nur durch Nettigkeit aus und Aussehen spiele keine Rolle. Auch nicht das eigene Aussehen. Sie lassen sich gehen, legen kaum noch Wert auf Hygiene und wundern sich am Ende des Tages, warum sie keine Frau abbekommen.

Dein Ziel sollte der gesunde Mittelweg sein: Eine starke Persönlichkeit kombiniert mit einem *gepflegten äußeren Erscheinungsbild*. Du musst dich nicht stundenlang ins Gym einsperren, in der Hoffnung, irgendwann auf magische Art und Weise mit deinem durchtrainierten und Sixpack-bestückten Körper die Mädels reihenweise wie einen Magneten anzuziehen (bzw. auszuziehen). Bullshit. Wer so denkt, hat in der Persönlichkeitsentwicklung noch viel Arbeit vor sich. Wenn du Sport machen willst, mach es für dich. Aber mach es nicht aus dem Grund, um besser bei Mädels zu landen.

Für den Anfang reicht es bereits, einfach nur bewusster Wert auf dein Äußeres zu legen. Denn dieses vorhandene Bewusstsein spiegelt auch positive Aspekte deines Charakters wieder.

Stell dir dafür folgende Fragen:

- ***Wie oft gehe ich zum Friseur? Und wie gut sehe ich nach dem Friseurbesuch wirklich aus?*** Ein moderner Haarschnitt kann wahre Wunder bewirken. Achte also auf gepflegte, saubere und gut riechende Haare.

- ***Wie oft dusche ich und welches Parfüm verwende ich danach?*** Schließlich willst du ja auch nicht, dass das Mädel nach Bahnhofsklo riecht. Achte also auf deine Körperhygiene und nutze gutriechendes Männer-Parfüm. Ein guter Duft hat außerdem noch einen weiteren Pluspunkt: Er stimuliert ihre Sinne und brennt sich in ihr Erinnerungsvermögen ein. Ankern nennt man das in der Neurolinguistischen Programmierung (NLP). Stell es dir wie deinen Lieblingssong vor, bei dem du jedes Mal ein gutes Gefühl bekommst, wenn du ihn hörst.

- ***Putze ich mir vor dem Date die Zähne?*** Wenn deinem gegenüber anfangen die Augen zu tränen, und er oder sie Würgereiz bekommt, dann putzt du dir definitiv zu selten die Zähne. Es gibt nichts Schlimmeres, als aus dem Mund zu stinken – und dafür gibt es auch keine Entschuldigung. Gerade wenn es zum Kuss kommt, wäre das der absolute Abtörner. Bereits im Gespräch mit dir wird sie genug von dem riechen, was in deinem Mund vor sich geht. Also: Putz dir die Zähne! Verwende, wenn es sein muss, Mundspülungen und achte auf deine Mundhygiene. Halte außerdem immer eine Packung Kaugummis bereit. Diese kannst du dir während des Dates immer mal wieder einwerfen. Dann kann auch der magische Kuss ohne Bedenken kommen.

- ***Wie steht es um meinen Klamottenstil? Habe ich einen modernen Style?*** Den Spruch *„Kleider machen Leute"* kennst du vermutlich. Viel treffender ist aber noch: *„Passende Kleider, machen Leute"*. Eine Nummer zu groß bei einem Pullover lässt dich bereits wie einen Sack Kartoffeln aussehen. Eine Nummer zu klein und du siehst aus wie eine Presswurst. Kaufe Klamotten also in der richtigen Größe und achte vor allem darauf, dich darin auch wohlzufühlen und dir selbst zu gefallen. Erst wenn du dich selbst wohlfühlst, kann sich auch das Mädel bei dir wohlfühlen. Sei bereit auch mal neue Klamottenstile auszuprobieren. Dazu kannst du dich auch beraten lassen. Vorzugsweise von einer guten Freundin oder der netten Verkäuferin. Dann kannst du auch gleich ein wenig das Flirten üben. ;-)

- ***Bin ich mit meinem Körper zufrieden oder fühle ich mich fett?*** Ich will dir nicht einreden, dass du Sport machen musst, ich will dich nur dazu bringen, mit dir selbst glücklich zu sein. Schlank-Sein ist dafür kein Muss. Fühlst du dich in deiner Haut wohl, bleib wie du bist – egal wie viel du wiegst. Ärgerst du dich aber, wenn du in den Spiegel guckst, und wünschst dir, weniger Kilos zu haben, dann ändere es! Hör auf mit deinen Ausreden und fang an Sport zu machen. Du musst dich wohlfühlen, du musst glücklich mit dir sein! Und dazu gehört auch, den eigenen Körper zu lieben.

#2: Steht sie auf mich?

„Liebt sie mich oder liebt sie mich nicht?". Wie gerne würde ich diese Frage mit meiner Glaskugel beantworten. Interesse ist aber nichts, was du felsenfest anhand irgendwelcher Zeichen festmachen kannst. Zeichen von Interesse sind gute Indizien, aber selten eine Garantie. Diese Frage sagt außerdem viel über dich aus, weil sie die Entscheidung an das Mädel abgibt. Besser wäre: *„Stehe ich auf sie?"*, oder *„Stehe ich genug auf sie, um sie verführen zu wollen?"*. Im Folgenden lernst du die wichtigsten Zeichen kennen, an welchen du erkennst, dass sie wahrscheinlich Interesse an dir hat oder eben nicht.

Die 7 größten Zeichen für Interesse:

1. Möchte sie viel Zeit mit dir verbringen? Wenn sie andauernd Ausreden bringt, warum ihr euch nicht treffen könnt, dann wird sie nicht sonderlich interessiert an dir sein. Wenn sie stattdessen nach Mitteln und Wegen sucht, um dich zu sehen, selbst wenn sie eigentlich ultra busy ist, dann ist das ein gutes Zeichen. Merke dir: Es gibt kein „Ich habe keine Zeit", sondern nur ein „Du bist mir nicht wichtig genug".

2. Lässt sie es zu, dass du ihr körperlich näherkommst, oder sucht sie sogar von allein körperliche Nähe? Ein weiteres gutes Zeichen. Mit Körperkontakt überschreiten wir die private Zone eines Menschen. Diese liegt im Schnitt bei 20-60 cm – ab da wird es intim. Wir sprechen hier natürlich zunächst über flüchtigen und kurzen Körperkontakt, mit klassischer Intimität hat das nichts zu tun. Lässt sie diese Nähe zu, ist das ein gutes Zeichen. Je mehr Körperkontakt, desto besser.

3. Zeigt sie Interesse an dir als Person? Je mehr Fragen sie dir über dich stellt, desto offensichtlicher ist es auch, dass sie auf dich steht. Wenn du allerdings versuchst, viel über sie herauszufinden *(und zwar im Gespräch und nicht als Stalker auf Facebook)*, während sie keine Gegenfragen stellt, dann ist das ein schlechtes Zeichen.

4. Lacht sie über deine (schlechten) Witze? Glückwunsch, ihr habt zumindest schon mal den gleichen Humor. Eine wichtige Basis für ein weiteres und langfristiges Kennenlernen.

5. Sucht sie von alleine das Gespräch? Wenn ja, super. Versucht sie sogar das Gespräch mit dir voranzutreiben, falls mal längere Pausen entstehen? Noch besser!

6. Hat sie dir gegenüber eine offene Körpersprache? Wenn z. B. Kopf, Blick und Körper oft zu dir gerichtet sind, dann signalisiert sie damit Interesse. Denn sie schenkt dir bewusst oder unterbewusst ihre Aufmerksamkeit.

7. Lässt sie es zu, von dir geküsst zu werden, oder leitet sie den Kuss sogar selbst ein? Das wohl stärkste Zeichen für Interesse. Noch offensichtlicher geht es wohl kaum. Ab hier kannst du dir ziemlich sicher sein, dass sie auf dich steht. Das heißt natürlich nicht, dass das auch gleich in einer Beziehung endet (dazu später mehr), aber ihr habt den ersten gemeinsamen Meilenstein erreicht.

#3: Stehen Mädchen auf nette Typen oder auf Arschlöcher?

Typisches schwarz-weiß-Denken, das sich hier widerspiegelt. Die Kurzversion lautet: „Weder noch. Die Mischung macht's!" Das Problem der meisten Typen ist aber: Sie sind *viel* zu nett. Ein großer Fehler wäre jetzt zu versuchen, sich genau ins Gegenteil zu verwandeln und das „Arschloch" raushängen zu lassen. Unerfahrene Männer werden dann meist sehr schnell beleidigend, weil sie denken, so verhält sich nun einmal ein Arschloch. Falsch. Versuche die *Goldene Mitte* bei diesem Balanceakt zu finden und weder zu nett noch zu sehr ein Arschloch zu sein. Kurz: Sei authentisch.

Woher du weißt, dass du ZU nett bist? *(Schlecht)*

- Wenn du immer schön und brav zu allem „Ja" sagst und keine eigene Meinung hast.
- Wenn du dich nicht traust, die Dinge zu sagen oder zu tun, die du eigentlich möchtest.
- Wenn du versuchst, es allen recht zu machen und nirgendwo anzuecken.
- Wenn du Angst vor dem Scheitern hast und dementsprechend nicht handelst.

Woher du weißt, dass du in der Goldenen Mitte bist? *(Perfekt)*

- Du traust dich, freche Sprüche rauszuhauen, nimmst dich nicht zurück und kannst auch mit Ablehnung umgehen. Alles Dinge, die ein „netter" Kerl sich niemals trauen würde.
- Du bist von dir selbst überzeugt, strahlst Selbstbewusstsein aus und *machst einfach* das, was du willst (typische Eigenschaften, die Bad Boys ausstrahlen).
- Du hast keine Angst vor Ablehnung, Fehlschlägen oder seltsamen Blicken.
- Du stehst immer zu dem, was du willst, und hast einen gesunden Egoismus.

Woher du weißt, dass du ZUVIEL Arschloch bist? *(Schlecht)*

- Wenn du beleidigend oder erniedrigend wirst.
- Wenn du keine Empathie besitzt und Gefühle ausnutzt.
- Wenn du verletzend handelst.
- Wenn du bei dem Mädel ein schlechtes Gefühl hinterlässt.

#4 Ich bin nett und lieb. Warum mögen die Mädchen mich nicht?

Das Problem am Nett-Sein: Es ist unfassbar langweilig und jeder kann es. Mit Nett-Sein bist du nichts Besonderes. Dieser Typ Mensch hat eine zu glatt gebügelte Persönlichkeit. Es fehlt einfach an Ecken und Kanten. Merke dir also: Charakter haben ist nicht mit Nett-Sein gleichzusetzen.

Als *„netter und lieber"* Kerl wirkst du einfach nicht attraktiv auf die Frauenwelt. Ja, dies ist eine bittere Pille, die man erstmal runterschlucken und verdauen muss. Haben dich doch Jahre von Erziehung, Gesellschaft und Hollywood-Filmen, sowie Mainstream-Songs genau das Gegenteil gelehrt. *„Sei ein lieber und braver Kerl"* oder *„Mit Geschenken gewinnst du ihr Herz"*, haben Mama und Papa gerne gesagt.

Damit landest du aber maximal in der Friendzone – oder in einer ungesunden Beziehung aus emotionaler Abhängigkeit und viel Drama.

Die Probleme vieler „netter" Kerle sind folgende:

- Sie strahlen kein Selbstbewusstsein aus.
- Sie haben keine eigene Meinung *(bzw. teilen sie diese aus Angst nicht mit)*.
- Sie wissen nicht, was sie wollen *(sei es im Leben oder sogar bei den kleinsten Entscheidungen)*.
- Sie haben keine Ziele und keinen Ehrgeiz.

- Sie sind langweilige „Ja-Sager", die in Gesprächen keinen Mehrwert bieten können.
- Sie haben kein spannendes Leben und nicht viel zu erzählen.
- Sie scheinen stets um Erlaubnis zu fragen, bevor sie etwas tun oder sagen.

Beginne zu begreifen, dass Mädchen kein braves Schoßhündchen wollen, welches alles tut, nachdem verlangt wird. Sie sind auf der Suche nach Jungs, die in der Lage sind, selbst die Verantwortung für ihr Leben und ihre Taten zu übernehmen, die abenteuerlustig, frech und selbstbestimmt sind, die eine Herausforderung sind und die ihrem eigenen Leben einen Mehrwert geben. Genau nach denjenigen Jungs, die *einfach das tun, was sie wollen* und worauf sie gerade Lust haben, ohne sich dabei zu sorgen, was andere über sie denken könnten.

#5: Worauf stehen Mädchen?

Jedes Mädel ist in diesem Punkt natürlich letztendlich unterschiedlich, genauso wie du es auch bist *(oder zumindest sein solltest).* Im Kern gibt es aber viele Punkte, die evolutionär bedingt auf sehr viele Menschen da draußen zutreffen – genau diese gilt es zu berücksichtigen:

1. Die meisten Mädels legen mehr Wert auf den Charakter, als auf das Aussehen eines Mannes.

2. Es ist sehr wichtig, zu verstehen, dass Frauen vorrangig emotional handeln und nicht rational wie Männer. Frauen bzw. Mädels sind nicht kompliziert, sie sind einfach nur emotional getrieben. Das hat auch nichts mit Logik oder Ähnlichem zu tun, sondern einfach mit unterbewusstem Verhalten. Mädels richten sich nach ihren Gefühlen. Dein Ziel dabei sollte also sein, dass sich das Mädel in deiner Nähe wohlfühlt!

3. Sie stehen auf Kerle, mit einem eigenen und spannenden Leben. Auf Kerle, die Ziele im Leben haben, individuell sind, unabhängig und Selbstbewusstsein ausstrahlen.

4. Sie sind auf der Suche nach Kerlen, die glücklich mit sich selbst sind. Das Ziel bei deinen Kennlern-Abenteuern sollte es auch umgekehrt sein, ein selbstbewusstes Mädel anzuziehen, eines, das glücklich mit sich selbst ist. Drama-Queens sind das nicht, und sie sind der Typ Mädel, von dem du kilometerweit Abstand nehmen solltest. Wichtig ist dafür aber erstmal: Sei mit dir selbst glücklich. Vorher kannst du nicht erwarten, ein glückliches Mädel zu finden. Wir ziehen grundsätzlich Menschen an, die uns ähnlich sind. Du musst also zunächst an DIR arbeiten. Ansonsten wirst du immer nur versuchen, ein Mädel zu finden, welches dich *glücklich* „macht". Damit wirst du aber nie ans Ziel kommen.

5. Sie stehen darauf, wenn du die Führung und damit auch die Verantwortung übernimmst. Zeig ihr, dass du ein Mann bist, der weiß, was er will, der Dominanz ausstrahlt und Entscheidungen treffen kann.

Beispiel: Ein Typ, der sich nach dem 10. Date immer noch nicht getraut hat, sie zu küssen, weiß definitiv nicht, was er will. Das Ergebnis? Die Friendzone!

#6: Wie wirke ich attraktiv auf Mädchen?

Dass der Charakter bzw. deine Persönlichkeit wichtiger sind, haben wir bereits geklärt. Attraktivität entsteht also durch deine Ausstrahlung. Wie du bewusst, aber auch unbewusst auf Menschen wirkst. Dafür ist eine Sache elementar: Du musst glücklich mit dir selbst sein. Erst wenn DU allein glücklich bist, kannst du auch zu zweit glücklich werden.

Diese innere Zufriedenheit sollte dein oberstes Ziel im Leben sein. Es ist also wichtig, die Dinge zu tun, die dich glücklich machen. Nimm dir Zeit für dich, gehe deinen Hobbys und Leidenschaften nach, verfolge deine Ziele und führe das Leben, das du schon immer führen wolltest. Scheue dich nicht davor, immer wieder Kontakt zu neuen Menschen zu knüpfen und so stets deinen Horizont zu erweitern. Lerne Entscheidungen zu treffen und dein Leben bewusst zu führen.

Beispiel: Warte nicht darauf, dass dich ein Mädel anspricht, mit dir ausgeht und dich küsst. Du musst pro-aktiv werden und die Führung übernehmen. Sprich das Mädel an, das dir gefällt, sorge dafür, dass es zu einem Treffen kommt, sei derjenige, der den Kuss einleitet oder verführe sie so, dass ihr gemeinsam im Bett landet. Ja, das bedeutet, du musst dich überwinden und dir den Arsch aufreißen. Erfolg fängt immer mit Arbeit an. Glücklich wirst du also nur, wenn du auch Verantwortung für dein Leben übernimmst und nicht darauf wartest, dass dir das Glück zugeflogen kommt.

Verliere dich außerdem nicht darin, stundenlang sinnlos und ohne ein klares Ziel vor Augen *(welches zunächst das Date sein sollte)* mit einem Mädel zu schreiben oder zu telefonieren. Bleibe fokussiert. Du willst mit ihr ein Date? Dann mach auch DU ein Date aus. Es ist ganz einfach: Machst du es nicht, wird es irgendein anderer Typ machen. Auch wenn viele es glauben: Nein, glücklich zu sein ist kein Zufallsprodukt. Du hast die volle Entscheidungsgewalt über dein Leben.

Dafür ist es wichtig, dass du dich deiner Komfortzone stellst. Die Komfortzone ist all das, was du eigentlich gerne machen würdest, vor dem du dich aber scheust – weil dir immer irgendwelche dummen Ausreden einfallen. „Ich kenn auf der Party doch keinen", „Ich weiß doch gar nicht, ob ich das schaffe" oder „Ich kann sie nicht ansprechen, vielleicht mag sie mich ja nicht". Wenn du ehrlich zu dir bist, sind das keine Gründe – es sind Ausreden. Ausreden, die dich davon abhalten, glücklich zu werden. Weil du deine Grenzen überschreitest. Du betrittst Neuland. Ja, das ist unbequem. Aber dein Leben fängt erst hinter der Komfortzone so richtig an.

Ein Tipp an dieser Stelle noch, über den wir später noch genauer reden: Sprich mit dem Mädel nicht zu voreilig über irgendwelche Gefühle. Besser: Sie macht es als erstes. Viel zu viele „nette Kerle" reden über „die große Liebe", bevor sie überhaupt Schritt 1 gemacht haben: Sie kennenzulernen. Zu schnelle Gefühlsduselei wirkt sehr schnell sehr abtörnend.

#7: Ich habe das Gefühl, nicht gut genug für sie zu sein. Was tun?

Zuerst einmal: Keine Panik! Auch wenn dieser Gedanke ziemlich schlecht ist und du ihn ungewollt auf das Mädel ausstrahlst, solltest du Folgendes verstehen:

Das Gefühl, nicht „gut genug" für *etwas* oder *jemanden* zu sein, existiert in jedem von uns. In Männern, wie auch Frauen, in gutaussehenden, wie auch weniger gutaussehenden, in extrovertierten, wie auch introvertierten Menschen. Die Erklärung dafür würde etliche Seiten in Anspruch nehmen und den Rahmen dieser Antwort komplett sprengen. Die Kurzversion lautet daher: DU BIST GUT GENUG! Lerne, das zu verstehen, und dein Verhalten wird sich schlagartig ins Positive verändern. Du wirst lockerer, zufriedener und damit attraktiver für Mädels.

Ab sofort lautet dein Mindset:
„Ich bin ein wertvoller Mensch, dessen Zeit kostbar ist. Nicht ich sollte dankbar sein, dass sie Zeit mit mir verbringt, sondern sie!"

Wenn du akzeptieren kannst, dass du als Mensch „gut genug" bist und stolz auf dich sein kannst, dann führt das früher oder später zu Selbstliebe. Und in sich selbstverliebt zu sein ist erstmal keine schlechte Eigenschaft, auch wenn die Gesellschaft gerne versucht, einem das einzureden! Wenn du es auf eine narzisstische und übertriebene Art und Weise machst, klar, dann ist es uncool. Wenn du es aber hinbekommst, dich auf eine gesunde Art und Weise selbst zu lieben, dann wird es auch dem Mädel sehr leicht fallen, sich in dich zu verlieben.

Dabei musst du verstehen, dass jedes Gefühl, das du empfindest, auch von dir unterbewusst ausgestrahlt und von der Frau aufgenommen wird.

Auch wenn dies jetzt vielleicht ein wenig nach Hokuspokus klingt: Wenn du willst, dass SIE etwas für dich empfindet, dann empfinde es einfach als erster und sie wird früher oder später davon angesteckt werden. Wenn du z. B. dauer-unglücklich durch dein Leben ziehst, und in diesem Zustand ein Mädel datest, wird sie das spüren, dich nicht attraktiv finden und dich nicht mehr treffen wollen.

Bonus Tipp: Hör auf, Frauen auf ein Podest zu stellen und anzuhimmeln, als wären sie Wesen von einem anderen Planeten. Sie sind auch nur Menschen, die genauso aufs Klo gehen und dabei stinken, wie du auch. Behalte dieses Bild bei deinen nächsten Flirt-Versuchen ruhig einmal im Hinterkopf (ohne es zu eklig werden zu lassen).

#8: Welche Rolle spielt das Alter beim Flirten?

Du glaubst gar nicht, wie oft ich das mit dem Alter als Ausrede in meinen Kommentaren lese. Immer wieder wird krampfhaft nach Altersunterschieden beim Flirten gesucht, um sich seine Situation selbst schönzureden (oder schlechtzureden).

Die Wahrheit ist: Flirten und Dating ist keine Alterssache. Das versuche ich dir auch immer wieder in meinen YouTube-Videos zu vermitteln. Interessierst du dich für Mädels und willst du eine Beziehung, dann solltest du auch reif genug für alles sein, was dazu gehört. Ansonsten ist es noch zu früh. Um es kurz zu machen: Ob du 13, 16 oder 18 bist, spielt keine Rolle. Ansprechen, Flirten und Dating läuft immer gleich ab bzw. sollte es das im Optimalfall.

Grundsätzlich gilt erstmal: Das Alter ist nur eine Zahl und sollte dich niemals davon abhalten, eine Frau kennenzulernen. Solltest du noch recht jung sein, wirkt der Altersunterschied natürlich um einiges größer auf dich (z. B., wenn sie 16 ist und du erst 13 Jahre alt). Ab einem gewissen Alter ist es jedoch kaum noch relevant. So beispielsweise, wenn du 25 und sie 28 Jahre alt ist. Dass eine Frau immer jünger sein muss, ist totaler Bullshit. Schlage dir die gesellschaftlichen Normen und Dinge, von dem, was deiner Meinung nach „sozial akzeptabel" ist, aus dem Kopf und beginne damit, dein Schicksal selbst in die Hand zu nehmen. Beachte dabei natürlich immer, dass sie nicht minderjährig ist, während du volljährig bist, um nicht mit einem Fuß im Knast zu stehen. Bis auf die Gesetzeslage in Deutschland in Hinsicht auf Sex, sollte das Alter in deinem Kopf aber KEINE Rolle spielen.

Verstehe Folgendes:
Wenn du denkst, *ZU JUNG* für ein Mädel zu sein, dann wirst du dich höchstwahrscheinlich in ihrer Gegenwart auch dementsprechend verhalten. Wenn du dann noch DENKST, dass sie ein Problem damit hat, dass du zu jung bist, dann wird es auch zum Problem. Du wirst dich deinem Glaubenssatz entsprechend verhalten und am Ende wird sie sich denken: „Der Typ ist zu jung für mich!"

Das gleiche Spiel, wenn du denkst, *ZU ALT* für ein Mädel zu sein. Du verhältst dich unterbewusst entsprechend deiner Vorstellung und hinterlässt auch genau diesen Eindruck bei dem Mädel – Stichwort selbsterfüllende Prophezeiung. Denkst du, du bist zu alt, wird auch sie das denken. Dein Mindset entscheidet über alles.

#9: Stehen Mädchen auf größere Jungs?

Solche Fragen beruhen auf gleichem Klischeedenken wie die Altersfrage *(z. B. der Mann muss immer älter oder größer sein, um überhaupt beim Mädel landen zu können)*. Das ist Bullshit. Denn, wie wir bereits gelernt haben, ist das Aussehen zweitrangig, entscheidend ist deine Persönlichkeit. Ein gutes Aussehen kann ein Pluspunkt sein, aber keine Garantie dafür, tatsächlich bei ihr zu landen. Außerdem wissen wir alle: Geschmäcker sind verschieden und so kann man die Antwort nicht einfach mit einem „Ja" pauschalisieren. Größe strahlt Männlichkeit aus, ist aber kein Muss!

Zudem stellen meist nur „kleine" Männer diese Frage, um auf ein Problem zu deuten, welches eigentlich gar kein Problem ist. Sondern nur eine Ausrede für fehlende Flirt-Fähigkeiten oder fehlende Charaktereigenschaften. Anstatt aber an einem von beiden zu arbeiten, ist es natürlich viel leichter, die Schuld auf die Körpergröße, das Aussehen oder das leere Bankkonto zu schieben.

Behalte bei solchen „Ausreden“ immer im Hinterkopf, dass ein Problem erst dann zum Problem wird, wenn du es zum Problem machst!

Wenn du dich für „klein“ hältst, gilt:
Gehe selbstbewusst damit um, lache auch über dich selbst, mache Witze über deine Größe und akzeptiere es einfach – denn ändern kannst du deine Größe eh nicht. Konzentriere dich beim Ansprechen überwiegend darauf, ihr schnell deine coole Persönlichkeit zu zeigen. Früher oder später – mit genug positiven Erfahrungen – wirst du feststellen, dass sich dieses ganze „Ich bin zu klein, hässlich oder arm“-Spiel nur in deinem Kopf abgespielt hat. Und die Frau gar keine Probleme damit hat. Und sollte sie tatsächlich so oberflächlich sein und damit ein Problem haben, solltest DU dich fragen, ob du so ein Mädel überhaupt willst.

***Tipp:** Sei besonders bei Dating-Apps hinsichtlich deiner Größe immer ehrlich. Es bringt nichts, wenn du dich im Profil 20 cm größer machst. Solche Lügen sind nicht nur unfassbar uncool, sondern fliegen auch spätestens beim Date auf.*

#10: Ich habe immer Pech mit Mädchen. Warum?

Wenn dir diese Frage bekannt vorkommt, dann ist das ein eindeutiges Zeichen dafür, dass dein Mindset nicht auf Erfolg ausgerichtet ist. Solche Denkweisen führen zu einer selbsterfüllenden Prophezeiung. Hast du in der Vergangenheit schlechte Erfahrungen mit Mädels gemacht, wird sich dieses Bild in deinem Kopf festigen. Damit baust du dir deinen eigenen Teufelskreis: Denn du erhöhst damit die Wahrscheinlichkeit, dass es auch mit dem nächsten Mädel nix wird.

Der Grund dafür ist ganz einfach: Wir ziehen grundsätzlich immer Menschen in unser Leben, die ähnlich ticken wie wir, die ähnliche Ansichten haben und ein ähnliches Mindset. Deshalb wirst du als verwahrloster Gamer auch niemals das Topmodel von Seite 1 kriegen. Weil eure beiden Leben einfach zu verschieden sind. Du bist wie ein Magnet. Läufst du total unglücklich durch die Welt und versuchst in diesem Zustand Mädels kennenzulernen, dann wirst du auch genau diese negativen Drama-Queens anziehen. Das Ergebnis ist dann wieder das gleiche: Es endet in einer totalen Katastrophe und du denkst dir „Immer passiert nur mir so etwas".

Es passiert dir, weil du unterbewusst genau danach suchst. Veränderung fängt nicht einfach mit dem nächstbesten Mädel an, sondern mit DIR. Änderst du dein Leben, änderst du dein Mindset, dann änderst du auch deinen Erfolg bei Frauen. Ein weiteres Problem, welches an dieser Stelle häufig auftritt: Viele dieser verzweifelten Typen suchen zu krampfhaft nach einer Beziehung.

Der Inbegriff dieser Abhängigkeit und Verlustangst ist, dass du auf das Mädel viel zu viel emotionalen Druck ausübst. Und das spüren Mädels. Bleib also entspannt, denk nicht immer sofort an eine Beziehung, sondern lernt euch erstmal kennen. Denn ohne Druck behältst du einen klaren Kopf und machst keine Dummheiten.

Sich in irgendeiner Form **abhängig** von dem Mädel zu machen *(vor allem, wenn du sie gerade erst kennenlernst),* ist der **Attraktivitäts-Killer #1**.

Und zu guter Letzt: Stelle eine bessere Frage!

Anstatt dich zu fragen, warum du *(angeblich)* immer Pech bei den Mädels hast, solltest du dir die Frage stellen: *„Was kann ich tun, um besser bei Mädels zu landen?"*. Auf diese Weise kurbelst du deine Motivation an, etwas zu verändern. Je öfter du darüber nachdenkst, was du besser machen könntest, und es dann auch wirklich umsetzt, desto öfter wirst du auch deine Komfortzone verlassen und sie mit der Zeit immer weiter ausdehnen. Denn Schuld sind selten die anderen. Die Fehlersuche sollte immer erst bei dir selbst beginnen.

#11: Ich bin schüchtern. Was kann ich tun?

Das Wichtigste vorneweg: Du kannst etwas tun. Schüchternheit ist keine unheilbare Krankheit, auch wenn die Gesellschaft oder deine Eltern es gerne so betrachten: „Der ist einfach schüchtern, der kann da nix für" – doch kann er. Und deine Eltern übrigens auch.

Nur weil du dich jetzt im Moment vielleicht noch als den *„schüchternen Typen"* ansiehst, bedeutet das nicht, dass das so bleiben muss. Deine Persönlichkeit ist nicht in Stein gemeißelt, sondern lässt sich ändern. Wichtig ist es dafür, den Grund für deine Schüchternheit zu kennen. Schüchternheit ist das Ergebnis von schlechten Erfahrungen in der Vergangenheit. Mama und Papa haben dir zu wenig zugetraut, deine Mitschüler machen sich gerne mal über dich lustig oder du hattest schlechte Erfahrungen mit Mädels. Das alles hat tief in dir für wenig Selbstvertrauen gesorgt. Hinzu kommen vielleicht sogar komplett fehlende Erfahrungen mit Frauen. All das erhöht diese *Angst vor Neuem,* die wir im Alltag gerne als Schüchternheit abstempeln.

Um deine Schüchternheit also loszuwerden, musst du für neue positive Erfahrungen sorgen. Das wird jedoch nur dann funktionieren, wenn du dich dazu bereit erklärst, jeden Tag ein klein wenig deine Komfortzone zu verlassen.

Vermutlich wird es dir schwerfallen, dein Verhalten & Mindset von heute auf morgen zu ändern. Deshalb kannst du das Ganze auch Schritt für Schritt angehen. Zum Beispiel, indem du jeden Tag einen völlig fremden Menschen grüßt. Später kannst du dann mit Menschen, die dir häufiger über den Weg laufen *(z. B. in Geschäften, Läden oder an Kassen),* ein paar Worte wechseln, wodurch mit der Zeit auch richtige Gespräche entstehen können.

Fange ruhig ganz klein an, und verlasse von Tag zu Tag deine Komfortzone ein Stückchen mehr. Mit leichten Sachen anzufangen, wird dir dabei helfen, schneller für Erfolgserlebnisse zu sorgen und dein Selbstvertrauen Step by Step aufzubauen. Nutze jede Chance, um dich deiner sozialen Angst zu stellen.

Bonus Tipp: Wage dich auch an Dinge, die du dich bisher nicht getraut hast, z. B. ein bestimmtes Hobby. Auch das lässt dein Selbstvertrauen wachsen. Da du automatisch mit jeder überwundenen Angst auch gleichzeitig ein Stück weit als Mensch wächst.

#12: Wie schaffe ich es, dass sie mich liebt?

Hier haben wir ein grundsätzliches Missverständnis von Liebe: Liebe funktioniert nicht wie ein IKEA-Regal nach Bauplan. Du kannst nicht etwas Bestimmtes machen und danach ist sie Feuer und Flamme für dich – nein, auch keine von diesen romantischen Aktionen, die du aus Filmen kennst.

Was du aber machen kannst, ist, dich stets von deiner besten Seite zu zeigen. Damit ist nicht deine nette und höfliche Seite gemeint, sondern deine authentische Art. Deine Persönlichkeit 2.0. Das ist dein Mehrwert. Das ist dein Geheimtrick, sie rumzukriegen!

Liebe kannst du nicht erzwingen – und wenn es so wäre, wäre das eine sehr verstörende Beziehung. Frage dich selbst: Willst du, dass das Mädel nur mit dir zusammen ist, weil du etwas Bestimmtes gemacht hast oder weil sie sich in deinen wahren Charakter verliebt hat?

Was ist Liebe überhaupt? Der Begriff Liebe wird heutzutage viel zu inflationär benutzt. Liebe braucht sehr viel Zeit. Liebe ist ein sehr tiefgehendes Gefühl und bedeutet mehr als ein paar Schmetterlinge im Bauch. Das, was du am Anfang hast, ist maximal ein bisschen Schwärmerei für sie.

Es ist also wichtig, dass sie dich kennenlernt. Und das passiert, indem ihr zwei Zeit miteinander verbringt. Deine Aufgabe ist es, ihr eine gute Zeit zu bescheren. Nicht nach dem Motto „Geben und Nehmen", sondern nach dem Motto „Geben, um zu geben". Ihr Lachen, ihre Freude, ihre Zuneigung sind deine Bestätigung dafür, dass du auf dem richtigen Weg bist. Trefft euch also regelmäßig miteinander und macht aufregende Dinge zusammen. Je mehr gemeinsame Erlebnisse ihr teilt, desto stärker wird eure Verbindung werden. Mit der Zeit wird sie dich immer besser kennenlernen, und die Chance sich in dich zu verlieben, wird steigen. *Sofern du die Tipps aus diesem Buch auch beherzigst.*

Damit aus einem Kennenlernen so etwas wie Liebe entstehen kann, darfst du eine Sache niemals vergessen, die elementar ist, wenn sich zwei Menschen mögen: Die sexuelle Anziehung. Das hat erstmal nichts mit dem sexuellen Akt an sich zu tun, sondern mit dem gegenseitigen Verlangen nach Nähe & Zuneigung, welches jeder in sich hat. Sorge also für Körperkontakt. Dieser fängt mit flüchtigen Berührungen an, bewussten Berührungen, kann über Händchen halten gehen, dem ersten Kuss und endet im Sex (Letzteres richtet sich natürlich an die älteren Leser und passiert immer im gegenseitigen Einverständnis). Will sie etwas nicht, wirst du es merken.

Der Kuss ist dabei sozusagen die wichtigste Zwischenstation auf dem Weg zur Beziehung. Ohne Kuss, keine Beziehung – egal, wie alt du bist. Ansonsten sprechen wir nicht über eine ernsthafte Beziehung. Der Kuss gehört IMMER dazu!

Versuche sie zu küssen, sobald du denkst, dass es eine passende Gelegenheit ist. Und falls das (warum auch immer) nie der Fall sein sollte, sei ein echter Kerl und schaffe dir deinen eigenen perfekten Moment. Es gilt der Tipp: Küsse sie dann, wenn du sie küssen willst.

Bonus Tipp: Eine Sache, die du auf gar keinen Fall tun solltest, ist ihr deine Liebe zu gestehen. Das ist ihre Aufgabe. Soviele Kerle verlieben sich in ein Mädel und gestehen ihr nach einiger Zeit ihre Liebe, während das Mädel überhaupt nichts für sie empfindet und danach (verständlicherweise) den Kontakt abbricht. *Warum das so häufig passiert?* Weil genau diese Typen nicht wie Männer gehandelt haben, sondern wie Frauen. Deine Aufgabe als Kerl ist es, sie zu verführen, ihre Aufgabe als Frau ist es, dich zu binden. Die Sache mit der Beziehung wird ganz automatisch von ihr angesprochen, sofern du deine Aufgabe als Mann erfüllst.

#13: Ich bin noch Jungfrau! Was tun?

Erstmal solltest du verstehen, dass Sex nicht der Heilige Gral des Flirtens ist. Klar, Sex ist etwas Schönes und macht viel Spaß, ABER es ist auch das Normalste der Welt. Und genauso solltest du Sex betrachten. Es bringt dich nicht um, keinen Sex zu haben.

Hör also auf, dich damit unter Druck zu setzen. Es ist überhaupt nichts Schlimmes daran, eine Jungfrau zu sein. Völlig egal, ob du mit 13, 16, 20 oder noch später dein erstes Mal haben wirst. Es wird dich nicht automatisch zu einem besseren Menschen machen, nur weil du Sex hattest. Genauso wenig musst du denken, ein *„schlechter Mensch"* zu sein, nur weil es bei dir bisher noch nicht soweit war. Du solltest dir immer bewusst machen, dass du – selbst, wenn du erst mit 30 Jahren dein erstes Mal hättest – noch genügend Lebenszeit hast, um dich auszutoben.

Setzt du dich unter Druck, endet das in einer Negativspirale. Denn das Mädel würde bei dem Date *„spüren"*, dass etwas mit dir nicht stimmt. Auch wenn sie vielleicht nicht gleich erkennt, was mit dir los ist, wird sie sich durch das *Gesetz „Was du fühlst, wird auch sie fühlen"* unweigerlich auch unter Druck gesetzt fühlen. Um allerdings Sex mit einem Mädel haben zu können, muss sie sich in deiner Nähe entspannen können. Das geht nur, wenn du auch entspannt bist.

Begehe bitte auch nicht den Fehler, auf dumme Ideen zu kommen und dir irgendwo bezahlten Sex zu holen. Mit diesem Verzweiflungsmove würdest du dein Selbstwertgefühl nur noch weiter nach unten ziehen. Du bist ein cooler Typ, du musst nicht für Sex bezahlen. Die Kohle ist auch viel besser in deine Entwicklung investiert: Melde dich im Verein für dein neues Hobby an, hol dir weitere Bücher im Bereich Persönlichkeitsentwicklung, gönne dir ein neues Outfit oder investiere es in deinen nächsten Urlaub. Alles besser, als auf irgendeiner Prostituierten zu liegen.

Dein Ziel ist es also, erstmal an dir selbst und deinem Leben zu arbeiten. Geh raus und mach die Dinge, die dir Spaß machen. Arbeite daran, glücklich mit dir selbst zu werden, und daran, deine Flirt-Fähigkeiten zu verbessern. Mit der Zeit wird es dir dann auch nicht mehr schwerfallen, eine Freundin zu finden, die wirklich Spaß daran hat, mit dir Sex zu haben – und die im Bett keine auswendig gelernte Show abzieht.

#14: Wie stärke ich mein Selbstbewusstsein?

Der Grund für fehlendes Selbstbewusstsein liegt oft darin, dass wir einfach nicht an uns selbst glauben. Es fehlt das Bewusstsein für das, was man kann. Der Auslöser dafür liegt sehr oft in der Gesellschaft, die uns immer wieder einredet, dass wir *dies und jenes* nicht könnten. Menschen wollen dich klein halten, weil es für sie selbst sonst unbequem wird.

Lass dir niemals einreden, dass du etwas nicht kannst, etwas bist, das du nicht sein willst, oder nicht zu etwas werden kannst, nach dem du strebst, nur weil jemand anderes dieser Meinung ist. Beinahe alles in deinem derzeitigen Leben lässt sich verändern, verbessern und optimieren. Es gibt etwas, das du noch nicht gut kannst? Dann ändere das! Arbeite daran und lass dich nicht von Ausreden kontrollieren. Just do it! Mit der Zeit wirst du immer besser darin werden. Egal ob es sich dabei um das Stärken deines Selbstbewusstseins durch das Ansammeln von positiven Erfahrungen, um das Erlernen von Fähigkeiten oder um den Erfolg bei Mädels handelt. Du kannst absolut alles erreichen, was du willst, solange du dich nicht andauernd davon abhalten lässt, was *andere Leute* sagen – und dich nicht selbst davon abhältst. Es gibt keinen erfolgreichen Menschen auf diesem Planeten, der sich nicht irgendwann gesagt hat:
„Weißt du was? Ab heute scheiße ich darauf, was andere Leute über mich sagen oder denken. Ich mache einfach mein Ding und ziehe es voll durch!"

Eine Scheiß-egal-Einstellung macht dich nicht gleich zum Arschloch, es sorgt lediglich dafür, dass DU dein Leben lebst – und nicht das Leben lebst, wie es andere gerne hätten.

Tipps, um dein Selbstbewusstsein aufzubauen:

1. Glaubenssätze: Erstelle dir eine Liste mit 10 positiven Ich-Sätzen *(z. B. „Ich bin ein selbstbewusster Typ“),* und lies dir diese Liste jeden Morgen vor dem Spiegel laut vor.

2. Komfortzone verlassen: Nutze jede Gelegenheit im Leben, um neue Dinge zu machen, die du bisher nicht gemacht hast, vor allem, wenn sie dir Angst bereiten. Mit jeder neuen Erfahrung wächst du.

3. Werde glücklich: Führe das Leben, das du dir erträumst: Mache endlich Sport, werde gesprächig und gehe deinen Hobbys nach. Lerne mit dir selbst glücklich zu werden.

4. Setze die Tipps in diesem Buch um: Du wirst dadurch viele positive und unglaubliche Erfahrungen machen, die du bisher für unmöglich gehalten hast. Du lernst deine echten Grenzen kennen und wirst ein neuer Mensch.

#15: Wie lerne ich neue Mädchen kennen?

Im Grunde gibt es unendlich viele Möglichkeiten, um Mädels kennenzulernen, – jeden fucking Tag! Allein heute wirst du dutzende Chancen gehabt haben. Und morgen wird es nicht anders sein. Dabei gibt es 4 große Bereiche, in denen du problemlos Mädels kennenlernen kannst:

1. Über den Freundeskreis: Ein Bereich, der dir bereits vertraut ist und es dadurch besonders einfach macht: Freunde haben Freunde und die haben wieder Freunde. Hier kannst du leicht mit neuen Mädchen in Kontakt treten, weil bereits die Verbindung zum Freundeskreis besteht. Du brauchst nicht mal einen Aufhänger, sondern kannst dich einfach bei ihr vorstellen oder sie danach fragen, woher sie euren gemeinsamen Freund kennt.

Vorteil: Erfordert von dir nicht, deine Komfort-Zone zu verlassen.

Nachteil: Erfordert von dir nicht, deine Komfort-Zone zu verlassen! Die meisten Männer kennen nur diese eine Option und beschränken sich dadurch auf eine *„sehr geringe Auswahl"* an potenziellen Partnerinnen. Da draußen gibt es mehr Mädels, als die in deinem Freundeskreis.

2. In Vereinen: Gehe deinem Hobby nach und suche dir Gleichgesinnte. In Sportvereinen oder anderen Organisationen kommst du schnell mit neuen Menschen in Kontakt und dadurch auch mit Mädchen. Neulinge werden in der Regel offen aufgenommen und der Kontakt entsteht ganz automatisch.

Vorteil: Ein guter und leichter Start, weil ihr mit eurem Hobby bereits eine Verbindung habt. Das erleichtert es, das Gespräch zu eröffnen, und bietet viele Möglichkeiten, über die ihr euch unterhalten könnt.

Nachteil: Du musst das Interesse haben, das Hobby wirklich zu verfolgen. Das ist vor allem zeitintensiv. Melde dich im Verein also nur an, wenn du auch wirklich Bock darauf hast.

3. Durch Ansprechen: Das ist natürlich der schwierigste Weg, aber auch der effektivste und lohnenswerteste von allen. Lerne Mädchen anzusprechen, die dir gefallen, in jeder Situation – egal ob auf der Straße, in der Schule oder wenn du abends mit Freunden unterwegs bist.

Vorteil: Du hast eine riesige Auswahl an Mädels. Das bedeutet auch eine größere Chance, genau die passende Partnerin zu finden. Durch das Ansprechen lernst du nicht nur Mädels kennen, du wirst auch sozial sicherer, lernst viel über Kommunikation und steigerst vor allem dein Selbstbewusstsein. Das Glücksgefühl nach einem Ansprechversuch (unabhängig vom Ergebnis) ist eines der krassesten Gefühle, die es gibt.

Nachteil: Es kostet viel Überwindung. Anfängliche Ansprechangst und die Angst vor der Meinung anderer hindert viele Männer daran, eine Frau anzusprechen. Ansonsten gibt es keinen echten Nachteil.

4. Online-Dating: Wird nur erfolgreich funktionieren, wenn du die anderen 3 Punkte beherrschst. Dating-Apps wie Tinder oder Lovoo sollten immer nur eine *Ergänzung* sein. Aber auch hier kannst du schnell neue Mädels kennenlernen.

Vorteil: Du kannst es bequem von zu Hause aus machen und das Swipen, Matchen und Anschreiben kostet nicht mehr Überwindung, als sich ein Butterbrot zu schmieren.

Nachteil: Du wirst auch nicht mehr daran wachsen, als beim Butterbrot-Schmieren. Online-Dating ist eine der größten Komfortzonen, in die viele Jungs & Männer viel zu viel Zeit reinstecken.

Kapitel 2: Fragen zum Ansprechen

#16: Was ist besser: Anschreiben oder ansprechen?

Natürlich das Ansprechen! Viele Männer wünschten sich, es wäre nicht so. Klar, ist ja auch die bequemste Methode, wenn man schön zu Hause sitzen kann und nur ein bisschen ins Handy tippen muss. Manche Typen tun nichts anderes, als den ganzen Tag mit irgendwelchen Dating-Apps zu verbringen. Ohne zu merken, dass sie dabei den 0815-Typen darstellen, welcher in der breiten Masse untergeht. Willst du so ein Typ sein, den niemand beachtet, oder willst du *jemand Besonderes* sein?

Durch das Ansprechen beweist du, dass du Eier in der Hose hast, selbstbewusst bist und weißt, was du willst. Somit stichst du automatisch aus der Masse heraus und punktest allein schon deshalb bei ihr, weil du dich getraut hast sie anzusprechen. Während jeder andere Kerl Mädels übers Internet anschreibt, sich von ihren „gephotoshopten" Bildern blenden lässt und seine Komfortzone nicht verlässt.

Dabei bietet dir die Realität so viele Vorteile: Du siehst direkt, wie sie wirklich aussieht (statt auf verschönten Bildern), du erkennst in kürzester Zeit, wie sie charakterlich tickt (statt irgendwelche Floskeln und Sprüche aus dem Netz zu lesen) und du kannst anhand ihrer Gestik, Mimik und ihres Verhaltens schnell erkennen, ob sie wirklich interessiert an dir ist (statt bei jeder Nachricht von ihr Mutmaßungen anzustellen).

Während andere also ihre Zeit damit verschwenden, tage- oder wochenlang mit einem Mädel zu schreiben, nur um sich dann letztendlich doch nicht mit ihr zu treffen *(oder noch schlimmer: Sich mit ihr zu treffen und dann festzustellen, dass sie entweder ganz anders aussieht, oder gar kein wirkliches Interesse hat),* kannst du all das durch das Ansprechen innerhalb weniger Minuten herausfinden. Und du begehst nicht einen der größten Fehler im Dating: Er tippt und tippt, bis die Anziehung kippt.

Größter Vorteil beim Ansprechen: Du stärkst dein Selbstbewusstsein, weil du dich etwas traust, das andere sich nicht trauen würden. Und selbst wenn du einen Korb bekommen solltest, wirst du dich nach dem Ansprechen extrem gut fühlen. Weil es eben nicht auf das Resultat ankommt *(Nummer, Date, etc.),* sondern darauf, ob du zu ihr hingegangen bist und deinen Mann gestanden hast. Das sind Leistungen, auf die du stolz sein kannst. Wenn du also in Zukunft die Möglichkeit hast, sie anzusprechen, sprich sie an!

#17: Wie spreche ich ein Mädchen auf der Straße an?

Um erfolgreich Mädels anzusprechen, braucht es ein gutes Selbstbewusstsein. Wenn du dich nicht wohl in deiner Haut fühlst und nicht glücklich und zufrieden mit dir selbst bist, dann machst du es dir unnötig schwer.

Somit ist dein Mindset das Wichtigste überhaupt beim Ansprechen. Wenn das nicht stimmt, weil du dich z. B. andauernd schlecht redest, wirst du auch keinen Erfolg haben. Es steht und fällt alles mit deiner Denkweise.

Aber gut. Sagen wir, du besitzt ein gewisses Maß an Selbstbewusstsein oder hast zumindest Bock, deine Komfortzone mal so richtig zu verlassen. Was solltest du tun?

Beim Ansprechen gibt es genau drei Möglichkeiten:

1. Direktes Ansprechen: Hierbei steigst du mit einem Kompliment ein bzw. vermittelst direkt dein Interesse an Ihr. Beispiel: *„Hey, ich habe dich gerade gesehen und du siehst mega interessant aus. Ich musste dich einfach ansprechen. Hi, ich bin Chris.“* Ein Kompliment an dieser Stelle sollte immer ehrlich gemeint sein und auch genau das widerspiegeln, was dir als Erstes in den Kopf kommt. Scheu dich nicht davor, deinen Gedanken freien Lauf zu lassen.

Vermeide es, deine Gedanken durch deine *„Was wäre in diesem Moment sozial akzeptabel"*-Programmierung zu filtern. Sage GENAU das, was du denkst!

2. Indirektes Ansprechen: Hierbei steigst du unter einem Vorwand ein: beispielsweise, um nach dem Weg zu fragen, wo der nächste Kiosk ist oder wie lange das Schwimmbad heute geöffnet hat. Dabei solltest du aber früher oder später *(nach 5-10 Minuten)* auch in der Lage sein, ihr dein Interesse zu vermitteln (*„Ok, ich bin ehrlich, ich musste dich einfach ansprechen, weil du so interessant aussiehst"*). Ansonsten wirst du in ihrem Kopf der Typ bleiben, mit dem sie lediglich ein nettes Gespräch hatte.

3. Situatives Ansprechen: Die beste Methode des Ansprechens. Hierbei steigst du aus der Situation heraus ein, z. B. weil gerade etwas Witziges passiert ist oder dir etwas an ihr aufgefallen ist. Du kommentierst also deine Umgebung. Das kannst du ihr (im besten Fall auf freche Art und Weise) direkt ins Gesicht sagen oder einfach nur vor dich hin. Bei Letzterem vermeidest du sogar die Chance, einen direkten Korb zu bekommen. Denn entweder antwortet sie oder halt nicht. Spontanität und Schlagfertigkeit sind beim situativen Ansprechen alles – dadurch wirkt es aber auch am natürlichsten. Scanne deine Umgebung, achte auf Details und hau bei der erstbesten Möglichkeit einen passenden Spruch zum Schmunzeln raus.

Wichtig: Denke immer daran, dir am Ende eines guten Gesprächs ihre Nummer zu holen. Sonst bleibt es nicht mehr als ein nettes, einmaliges Gespräch. Wie das mit der Nummer funktioniert, erkläre ich gleich in #30.

Alle 3 Möglichkeiten sind gut. Für die Straße ist das „direkte Ansprechen" allerdings am effektivsten, weil du von Anfang an mit offenen Karten spielst und hier auch wieder etwas tust, das sich die meisten Männer nicht trauen würden. Das situative Ansprechen geht eigentlich immer und eignet sich sehr leicht bei Situationen, in denen viel passiert (z. B. auf Partys).

Das indirekte Ansprechen bietet sich vor allem zu Übungszwecken an oder, wenn dir wirklich nichts Besseres mehr einfällt..

Tipp: Sei derjenige, der das Gespräch beendet. Quatsche nicht bis zum Umfallen mit ihr, sonst hat sie schnell das Gefühl, dich nicht loszuwerden. Sage nach 10-15 Minuten, dass du weitermusst. Dadurch wirkst du deutlich selbstbewusster und sie merkt: Deine Zeit ist kostbar.

#18: Wie spreche ich ein Mädchen in der Schule an?

In der Schule ist man froh, neue Leute kennenzulernen, nutze das zu deinem Vorteil! Klar, es ist verständlich, dass diese Situation bei vielen Leuten Angst auslöst. Denn die eigenen Freunde – oder noch schlimmer: Ein Großteil der Klasse – könnte einen dabei beobachten. Und wenn das Mädel einen ablehnt, musst du dir vielleicht sogar noch dumme Sprüche anhören.

Behalte dabei aber immer im Hinterkopf: DU bist derjenige, der sich traut – während deine Freunde nur reden und selbst keine Eier dazu in der Hose hätten. Dabei ist nämlich nicht wichtig, ob du mit einem Resultat *(z. B. einer Nummer)* zurückkommst oder nicht, sondern dass du dich überwindest. Erfolg liegt im Machen – im Ansprechen. Nicht im Resultat!

Von den 3 Ansprechmöglichkeiten eignet sich in der Schule das *indirekte* oder *situative Ansprechen* am besten, um es langsam anzugehen und nicht gleich mit der Tür ins Haus zu fallen. Oft ist es so, dass ihr bereits viele gemeinsame Themen habt (z. B. Hausaufgaben, Lehrer, Projekte, etc.), mit denen du sie unter einem Vorwand ansprechen kannst.

Beispiel: *„Hey, du hast doch auch bei Lehrer Schmidt Mathe, habt ihr schon die Arbeit geschrieben?"*. Ein guter Aufhänger, aber bitte reite nicht Ewigkeiten auf Schulthemen herum, sonst wird es schnell langweilig. Es geht nicht darum, einfach nur mit einem Mädel zu quatschen. Es geht darum, sich kennenzulernen, mit ihr zu flirten und sie zu verführen. Kurz: Das Gespräch braucht eine emotionale Tiefe.

Das muss auch nicht gleich vor der ganzen Klasse passieren. Du kannst sie in der Pause ansprechen, während des Sportunterrichts, in einer Projektarbeit, vor oder nach der Schule oder auch in kurzen Pausen, während der Lehrer noch nicht da ist.

Falls sie in deiner Nähe sitzt oder ihr sogar Tischnachbarn seid, kannst du im Laufe der nächsten Tage immer mal wieder kurz mit ihr sprechen und einige Flirtversuche starten. Der ganze Verführungsprozess darf sich in einem solchen Szenario ruhig etwas in die Länge ziehen.

Tipp: Hole dir nicht über Freunde ihre Nummer. Das wäre lächerlich, ihr seht euch schließlich jeden Tag in der Schule. Denk dran: Mit persönlichem Ansprechen punktest du IMMER mehr, als wenn du sie anschreibst.

#19: Wie spreche ich ein Mädchen im Bus/in der Bahn an?

Überall sind fremde Menschen, der Typ zwei Reihen vor dir schaut dich auch schon so komisch an und was ist mit der Oma neben dir? So viele Menschen auf engem Raum sind eine Extremsituation, denn sie alle könnten einen Korb mitbekommen. *Könnten*. Richtig. Denn, egal wie krass du dir das Worst-Case-Szenario ausmalst: Eintreten wird es mit ziemlicher Sicherheit nicht.

Folgendes gilt es zu beachten:

1. Die meisten Menschen um dich herum sind viel zu sehr mit sich selbst beschäftigt, hängen z. B. die ganze Zeit am Handy. Den Wenigsten wird deshalb das Ansprechen überhaupt auffallen. Und, selbst wenn es ihnen auffällt, wird sie das für max. 3-5 Sekunden interessieren, bevor es ihnen wieder am Arsch vorbeigeht. Denk dir also: *„Ich scheiße drauf, was andere Menschen über mich denken könnten und mache das jetzt einfach!"*

2. Im Bus oder in der Bahn ist das *„situative Ansprechen"* am effektivsten, weil es die natürlichste Form ist. Redet z. B. über den überfüllten Bus, die verspätete Bahn oder das beschissene Wetter. Simple Gesprächsthemen, die immer funktionieren. Ein direktes Ansprechen ist gerade am Anfang nicht zu empfehlen, weil es das Mädel sehr schnell unter Druck setzen kann, da sie keine Möglichkeit hat zu „flüchten".

3. Indirektes Ansprechen ist natürlich auch möglich. Wenn du einen guten Vorwand hast: Dann Go! Meist wirkt das in Bus oder Bahn aber eher erzwungen. Und am Ende weiß das Mädel sowieso, warum du sie mit sinnlosen Fragen löcherst.

Hier gilt auch wieder: Quatsche im Laufe des Gesprächs nicht einfach nur sinnloses Zeug mit ihr – sondern flirte. Tauscht euch aus, erzählt euch Storys, sprecht über emotionale Themen. Und finde heraus, ob auch DU Interesse an ihr hast. Und wenn sie dir wirklich gefällt, dann hole dir ihre Nummer oder mache ein Date aus.

#20: Wie spreche ich ein Mädchen im Geschäft an?

Das Ganze unterscheidet sich nicht großartig von anderen Situationen. Auch wenn das in deinem Kopf vielleicht zunächst den Anschein macht. Der Vorteil: In den meisten Geschäften gibt es genügend ruhigere Bereiche, in denen es nicht so von Menschen wimmelt. Auch hat das Mädel jederzeit die Möglichkeit zu gehen, was das Ansprechen für sie deutlich angenehmer macht.

Was du machst, wenn sie eine Kundin ist:
Sprich sie genauso an, wie auf der Straße. Entweder direkt *(z. B. „Hey mein Name ist ... und ich spreche dich an, weil du mir gefällst ...")* oder indirekt *(z. B. indem du sie fragst, wo ein bestimmter Artikel steht, oder was sie von einem bestimmten Artikel hält).* Aber auch situativ funktioniert hier super. Sie steht beispielsweise suchend vor einem Regal? *„Also ich würde das hier nehmen"* – und du zeigst völlig zufällig auf irgendeinen Artikel.

Was du machst, wenn sie eine Verkäuferin ist:
Hier ist soziale Intelligenz gefragt. Das Mädel ist gerade dabei, ihren Job zu machen, ein zu langer Flirt könnte sich dabei negativ für sie auswirken. Immerhin wird sie nicht fürs Flirten bezahlt, sondern dafür, zu arbeiten. Beachte diesen Punkt also beim Ansprechen. Bei einer Mitarbeiterin ist eine Mischung aus indirekt + direkt am besten.

Heißt: Erst mit Vorwand ansprechen, dann offen und direkt sagen, dass sie dir aufgefallen ist und du sie aus diesem Grund angesprochen hast. So könnt ihr schnell Nummern austauschen, das Gespräch beenden und sie bekommt keine Probleme.

Praktisches Beispiel:
Sprich sie an mit: *„Entschuldigung, könnten Sie mir hier drüben kurz mal weiterhelfen?"*, während du durch den halben Laden läufst, auf der Suche nach einer ruhigen Ecke. Sobald du eine Stelle gefunden hast, in der gerade keiner ist, kannst du direkt werden und z. B. sagen: *„Ok, ich brauche eigentlich keine Hilfe. Ich habe dich einfach nur gerade gesehen und fand dich so umwerfend, dass ich mir was einfallen lassen musste, um mit dir zu reden. Hey, mein Name ist ... Und deiner?"*. Halte das Gespräch kurz und sei direkt: *„Ich will dich gar nicht lange aufhalten, aber lass uns doch mal auf einen Tee/Kaffee treffen, damit wir uns kennenlernen können."*

Das ist nur eines von vielen Beispielen. Geh da raus, trau dich und finde heraus, was am besten zu dir passt! Mit jeder Erfahrung lernst du dazu!

#21: Wie spreche ich ein Mädchen in der Disco/ Bar an?

Überlege dir: Warum gehen Menschen abends feiern? Klar, um neue Leute kennenzulernen, vor allem aber um Spaß zu haben! Wir wollen dem Alltag entfliehen und einen witzigen Abend haben. Das heißt also für dich als goldene Regel: Spaß haben und es zeigen!

Das wird dir das Ansprechen von Mädels enorm vereinfachen. Es gibt viele Kerle, die nur in den Club gehen, um Frauen kennenzulernen, ohne dabei wirklich Bock auf das Feiern zu haben. Ohne ein sehr hohes Energielevel, einem Lächeln auf dem Gesicht oder Spaß daran, neue Menschen kennenzulernen, wird das nicht klappen. Und wenn du dir jetzt Sachen denkst, wie z. B. *„Ich hasse Clubs. Die Musik ist zu laut und nicht nach meinem Geschmack. Die Boxen dröhnen in meinen Ohren. Die Lichter irritieren mich. Die Menschen um mich herum sind alle ‚fake'. Und ich will gar nicht dort sein"*, dann bist du mit dieser Einstellung nicht der einzige. Das Problem: Diese Denkweise wird es dir unnötig erschweren, neue Menschen bzw. Mädels in dein Leben zu ziehen. Probiere es wenigstens aus, Spaß zu haben. Lass dich auf das *Experiment* ein.

Denke dir in Discos immer: *„Was kann ich jetzt machen, um Spaß zu haben?"*, und handle dann auch dementsprechend.

Niemand dort will etwas mit Langweilern zu tun haben, die ruhig mit ihrem Bier in der Hand in einer dunklen Ecke stehen und sich durch ihre Umgebung einschüchtern lassen. Sei der Typ, der am meisten Spaß verbreitet, der viel mit anderen quatscht, Blödsinn macht und immer ein Lächeln im Gesicht hat: dann kommen Mädels ganz automatisch auf dich zu. Erschaffe eine *„Blase"* des Spaßes um dich herum und ziehe Mädels in deine Welt hinein. In Discos oder Bars empfiehlt sich das situative Ansprechen: Durch die vielen Menschen und skurillen Situationen gibt es unzählige Opener.

Lerne außerdem mit deinem größten Gegner umzugehen: Der Lautstärke.

Bonus Tipp zur Lautstärke:
Versuche, die Mädels an ruhigen Orten, ohne laute Musik, anzusprechen, wie z. B. an der Theke oder draußen vor dem Club, wo die Raucher stehen. Denn je ruhiger es ist, desto leichter kommst du mit Menschen ins Gespräch. Ruhepole in Clubs sind automatisch Orte, an denen soziale Interaktion stattfindet. Wenn du kein Mädel in einer ruhigen Ecke findest, dann sprich sie in lauten Bereichen an und switche dann mit ihr in eine ruhigere Ecke des Clubs, um das Gespräch dort weiterzuführen.

Wichtig: Kein übermäßiger Alkoholkonsum – das wirkt sehr abtörnend auf Frauen. Behalte immer die Kontrolle über Geist & Körper!

#22: Wie spreche ich ein Mädchen auf Hauspartys an?

Hier läuft es ähnlich, wie beim Ansprechen in der Disco ab. Auch zu einer Hausparty gehen Menschen, um Spaß zu haben. Der Vorteil ist aber, dass du alles viel lockerer und ungezwungener machen kannst und dich meist in einem vertrauten Umfeld bewegst.

Mit dem indirekten oder situativen Ansprechen kommst du hier am weitesten. Zum Beispiel, indem du dich einfach bei Fremden vorstellst und sie fragst, wer sie sind und woher sie den Gastgeber kennen. Denn irgendeine Verbindung habt ihr – sonst wärt ihr nicht auf der gleichen Party. Aber auch die Musik, die anderen Gäste, das Buffet, die Location an sich oder die Trinkspiele können ein guter situativer Opener sein. Vielleicht handelt es sich auch um eine Mottoparty? Das gegenseitige Abchecken der Verkleidung ist einer der leichtesten Wege, um mit anderen in Kontakt zu kommen.

Was du bei Hauspartys beachten solltest:
Ganz klar: Spaß haben. Langweiler oder schlecht gelaunte Menschen sind schnell die Außenseiter und werden von anderen gemieden. Solche Menschen haben wir schon im Alltag genug um uns herum. Sei auch hier wieder derjenige, der den meisten Spaß verbreitet und stecke die Leute mit deiner positiven Energie an. Das heißt vor allem: Lächel!

Die zweite goldene Regel ist es, sozial zu werden. Das bedeutet, sich mit anderen Leuten zu unterhalten. Wer nur in der Ecke steht und mit keinem spricht, ist auf Hauspartys falsch. Quatsche also mit so vielen Menschen wie möglich – egal ob Mann oder Frau. Je mehr soziale Interaktion, desto höher dein sozialer Status. Das merken auch die Mädels und du wirkst durch deine Kommunikation-Skills und deine Offenheit automatisch attraktiver.

#23: Wie spreche ich ein Mädchen in der Gruppe an?

Wenn du noch Probleme damit hast, Mädels einzeln anzusprechen, dann übe erstmal ein wenig weiter, bevor du dich an Gruppen wagst. Erfolgreiches Ansprechen von Mädels in Gruppen setzt nämlich viel soziale Intelligenz, Flexibilität und das Verstehen von Gruppendynamiken voraus. Am Ende sprichst du nämlich nicht nur eine aus der Gruppe an, sondern immer alle Mädels! Wenn auch nur ein Mädel sich ausgeschlossen fühlt *(und diese zu deinem Unglück auch noch die „Anführerin“ der Gruppe ist)*, dann wird das Mädel deiner Begierde auch schnell das Interesse an dir verlieren. Mag ihre Freundin dich nicht, war es das. Gruppen haben einen sehr starken Einfluss aufeinander – gerade, wenn es darum geht, jemand Neues in die Gruppe aufzunehmen.

Der wichtigste Tipp also: Stelle dich anfangs bei ALLEN vor. Sprich nicht nur das eine Mädel an, sondern die ganze Gruppe. Und versuche mit allen zu quatschen oder zumindest ein paar lockere Sprüche mit ihnen auszutauschen. Ansonsten fühlt sich der Rest der Gruppe ausgeschlossen und vermiest dir sehr wahrscheinlich die Nummer. Die Gruppe muss dich akzeptieren. Das kennst du vielleicht selbst: In deine Freundesgruppe kommt jemand Neues dazu und gibt allen die Hand und spricht mit allen – außer mit dir. Wie sympathisch findest du denjenigen? Richtig, du hältst ihn für einen Idioten. Das Gleiche kann dir also auch passieren. Erst nach ein paar Minuten Smalltalk konzentrierst du dich auf das Mädel, das du interessant findest, und intensivierst das Gespräch mit ihr. Und wer weiß, vielleicht findest du eine andere Frau aus der Gruppe plötzlich viel interessanter? **Bedenke:** Nur wenn dich ihre Freunde mögen, wirst du auch bei ihr punkten.

Der größte Fehler, den du machen kannst, ist:
Die anderen in der Gruppe zu ignorieren.

Ob du dabei direkt, indirekt oder situativ ansprichst, ist von der Location und Größe der Gruppe abhängig. Entscheide, womit du dich am wohlsten fühlst.

#24: Welche guten Anmachsprüche gibt es?

Überhaupt solch eine Frage zu stellen, zeugt von einer völlig falschen Vorstellung vom Flirten. So etwas fragen sich Leute, die glauben, es gäbe einen geheimen Zauberspruch, mit dem einem das Mädel direkt zu Füßen liegt, und man sonst nichts weiter tun muss. Noch einmal: Flirten ist kein LEGO-Bausatz, bei dem du Schritt 1 bis 5 machst und dann hast du eine fertige Beziehung. Flirten bedeutet mehr als nur ein paar Worte zu sagen.

Es findet nicht auf verbaler Ebene statt, sondern auf emotionaler. Entscheidend ist nicht das WAS, sondern das WIE – also wie ich etwas sage. Emotionen, Mimik, Gestik, Atmung, Stimmlage, Artikulation und weitere Dinge spielen eine viel größere Rolle und verraten weitaus mehr über deinen Charakter als ein paar Worte.

Die Antwort lautet:
Nein, es gibt keine guten Anmachsprüche, nicht mal halbwegs gute.

Sprüche auswendig zu lernen zeigt nur, dass es dir an sozialer Intelligenz fehlt – und das finden Mädels nicht attraktiv. Anstatt also irgendwelche dummen Sprüche aufzusagen, solltest du der Situation entsprechend handeln. Was wiederum soziale Intelligenz voraussetzt. Die kriegst du aber nur, wenn du Erfahrungen sammelst, also mit möglichst vielen Menschen redest. Du merkst: Du musst deinen Arsch hochkriegen. ;-)

Je mehr Erfahrungen du beim Ansprechen und Flirten sammelst, desto besser wird deine soziale Intelligenz und somit auch deine Aussicht auf Erfolg. Dabei darfst du keine Angst davor haben, Fehler zu machen. Fehler passieren und gehören dazu. Mehr, als dir lieb ist. Doch das ist völlig normal.

Ohne auf die Schnauze zu fliegen, lernst du nichts. Fehler sind nicht schlimm, sondern immer nur *Referenzerlebnisse*. Sie helfen dir dabei, dich weiterzuentwickeln und mit der Zeit immer besser zu werden.

Tipp: Je mehr Fehler du machst, und je früher du aus ihnen lernst, desto schneller wirst du auch zu einem Mann werden, der erfolgreich bei Mädels ist!

#25: Worüber kann ich mit ihr reden?

Das Ansprechen ist eigentlich immer sehr ähnlich bzw. läuft es häufig nach dem gleichen Schema ab:

Erst sprichst du sie an **>** dann folgt Smalltalk **>** dann baust du langsam Vertrauen auf **>** dann vereinbarst du ein Date und/oder holst dir ihre Nummer.

Smalltalk-Themen können sein:

- Wetter *(gerade in Deutschland liebt man es, über das Wetter zu sprechen)*
- Was sie gerade macht
- Was um euch herum gerade passiert
- Was dir an ihr auffällt
- Der Ort, an dem ihr gerade seid

Kurzgesagt: Sei einfach aufmerksam! In deiner Umgebung/Situation gibt es immer 1.000 Gesprächsthemen! Habe dabei nicht die Angst über *„etwas Langweiliges“* zu reden, sondern rede einfach über alles, was dir in den Sinn kommt. Quatsche einfach drauf los, ohne groß nachzudenken.

Zum Vertrauen aufbauen: Um dir zu vertrauen, muss sie deine Person kennenlernen. Rede also auch von dir, von Persönlichem, von Storys aus deinem Leben. Erzähle ihr indirekt, was für ein Typ Mensch du bist, indem du ihr Geschichten von dir erzählst, die du erlebt hast.

Statt zu sagen „Ich bin ein zuverlässiger Mensch“, erzählst du ausführlich die Story, wie du letztens deine kleine Schwester bei strömenden Regen abgeholt hast. Durch Storys erzielst du Glaubwürdigkeit, nicht durch stupide Fakten.

Stelle ihr aber auch persönliche Fragen, um sie als Person kennenzulernen. Menschen lieben es, über sich selbst zu reden, vor allem über ihre Leidenschaften (Hobbys, Tiere, Familie, etc.) – gib ihr diese Möglichkeit!

Tipp: Gespräche ergeben sich nach kurzem Smalltalk fast immer wie von selbst. Solltest du allerdings mal nicht mehr weiterwissen, und dir will auf Teufel komm raus nichts mehr einfallen, dann frag sie einfach:
„Und was machst du sonst so, wenn du nicht gerade XYZ machst?“

#26: Wann ist der perfekte Moment, um sie anzusprechen?

Der perfekte Zeitpunkt ist *immer* genau *jetzt!*

Das bedeutet: Es gibt keinen perfekten Moment! Oder umgekehrt: Jeder Moment ist perfekt! Die Suche nach dem richtigen Zeitpunkt ist immer eine Suche nach Ausreden: *„Aber jetzt habe ich gerade keine Zeit“*, *„Ich sehe heute nicht gut aus“*, *„Sie scheint gerade nicht gut, drauf zu sein“*, *„Hier sind viel zu viele Menschen“*, *„Das Wetter ist schlecht“* und so weiter und so fort. Alles Bullshit.

Diese Ausreden kennen wir alle. Und mit jeder einzelnen machen wir uns selbst etwas vor. Denn in Wahrheit gibt es 1.000 Gründe sie anzusprechen und nur eine Handvoll es nicht zu tun. Sie könnte die Frau deines Lebens sein, dich mindestens genauso heiß finden, wie du sie, ihr könntet ein tolles Gespräch haben, Nummern tauschen, euch auf einem Date küssen und zusammenkommen.

Du musst keinen PISA-Test bestehen, keine Relativitätstheorie aufstellen und auch kein Heilmittel gegen Krebs finden: Alles was du tun musst, ist sie anzusprechen. Aber je länger du wartest, desto größer werden deine Ausreden. Je größer deine Ausreden, desto größer auch deine Angst und somit der Widerstand sie anzusprechen. Hör auf, dir das Leben schwer zu machen und ständig auf den richtigen Moment zu warten. Durch *warten* und *hoffen* wird dir niemals etwas Gutes widerfahren. Das Leben schenkt dir in den meisten Fällen nichts. Nimm deine Zukunft selbst in die Hand und erschaffe den richtigen Moment, indem du es einfach machst und sie ansprichst! Machst du es jetzt nicht, wirst du es auch nicht gleich tun, und auch nicht nächste Woche. Stattdessen wirst du dich jeden Tag ärgern, warum du es nicht gemacht hast. Mit welchem Trick du deine Ansprechangst überwindest, erfährst du auf der nächsten Seite.

Merke: Der perfekte Zeitpunkt zum Ansprechen ist immer der Zeitpunkt, an dem du anfängst, darüber nachzudenken.

#27: Ich traue mich nicht, sie anzusprechen! Wie überwinde ich meine Angst?

Erst einmal: Entspann dich. Du bist nicht der einzige Kerl, der Angst davor hat, Mädels anzusprechen, und wirst auch nicht der erste sein, der sie überwindet. Vorausgesetzt, die Ursache deiner sozialen Angst ist nicht krankheitsbedingt (Autismus, Sozialphobie, Depressionen, etc.) – in diesem Fall hole dir bitte ärztliche Hilfe.

Um das Ganze hinzubekommen, musst du erstmal begreifen, dass Ansprechangst aus Angst vor Ablehnung und dem Gefühl *„nicht gut genug"* zu sein entsteht. Je glücklicher du dich in deiner Haut fühlst und dich so akzeptierst, wie du bist, desto eher wird dieses Gefühl, *„nicht gut genug"* zu sein, verschwinden. Und wenn du das hinbekommst, dann stört es dich auch nicht, von irgendjemanden, den du kaum kennst, abgelehnt zu werden. Du wirst dir denken: *„Sie hatte ihre Chance, einen coolen Typen kennenzulernen. Selbst schuld, wenn sie nicht will."*

In der Theorie klingt das natürlich alles immer super einfach. Kommen wir also zu den Praxistipps.

Tipps, um deine Ansprechangst zu überwinden:

1. **Sei schneller als dein Kopf!**
   Du darfst deinem Kopf nicht die Möglichkeit geben, Ausreden zu finden. Wende daher die *3-Sekunden-Regel* an. Das bedeutet, du sprichst das Mädel innerhalb der ersten 3 Sekunden an, nachdem sie dir aufgefallen ist. Wenn du schneller als deine Ausreden bist, wirst du auch keine Blockade haben, sie anzusprechen. Überliste dich also einfach selbst.

2. **Übung macht den (Flirt-) Meister!**
Ansprechangst baust du auf Dauer nur durch Training ab. Sorge für Erfolgserlebnisse! Dafür musst du dich dazu drängen, Mädels anzusprechen. Je mehr positive Erfahrungen du sammelst, desto leichter wird es dir mit der Zeit fallen, sie anzusprechen. Du kommst nicht drum herum, dir selbst in den Arsch zu treten.

Merke dir:
Es gibt keine Ansprechangst, sondern nur dumme Ausreden. Denn es gibt IMMER einen Grund, sie anzusprechen: Sie könnte dich genauso toll finden, wie du sie.

#28: Welche Komplimente mögen Mädchen?

Das mit den Komplimenten ist so eine Sache. Jeder mag sie, aber die wenigsten davon sind ernst gemeint. Komplimente verfolgen häufig nur ein Ziel: Sich bei dem Mädel einzuschleimen. Das ist nämlich das, was die meisten Kerle versuchen. Sie sind viel zu nett bei Mädels, in der Hoffnung, sie dadurch rumzubekommen. Nach dem Motto: Ich bezahl dich mit netten Worten und dafür magst du mich.

Du willst ehrlich zu ihr sein? Dann lass diesen manipulativen Quatsch mit den Komplimenten. Stattdessen sollte ein Mädel deine Ecken und Kanten kennenlernen – denn die machen deinen Charakter aus. Noch einmal: „Nett sein“ ist kein Charakter. Eine attraktive Persönlichkeit besteht immer aus einer gesunden Ich-Denkweise: *Wer bin ich und was will ich?* Eine eigene Meinung zu haben ist hierbei entscheidend. Redest du ihr mit netten Worten nur nach dem Mund, bist du einfach nur ein Arschkriecher – aber kein eigenständig denkender Kerl. Und von diesen Nice Guys sind viele Mädels heutzutage genervt – verständlicherweise. Sie wollen Persönlichkeiten kennenlernen, keine glattgebügelten Ja-Sager.

Ansprechen, Kennenlernen und das Date können problemlos auch ohne ein einziges Kompliment ablaufen! Erfahrungsgemäß sind das sogar die viel cooleren Dates, weil ihr euch auf einer tieferen und ehrlicheren Ebene kennenlernt, statt euch oberflächliche Floskeln um die Ohren zu werfen.

Frage dich immer:
Willst du, dass das Mädel mit dir zusammen ist, weil sie dich WIRKLICH toll findet? Weil sie dich als Menschen mit all deinen Fehlern mag? Oder nur, weil du ein paar nette Worte gesagt hast?

Beachte bei Komplimenten Folgendes:
Komplimente zum Aussehen sind erstmal tabu – denn diesen Move machen alle verzweifelten Typen da draußen. Viel besser ist es, wenn du ihr ein Kompliment zu ihrem Charakter, zu ihrer Einstellung und/oder zu ihrem Verhalten machst – das sind ehrliche Komplimente, die auch gut ankommen!

Dir gefällt z. B. wie sie über ein bestimmtes Thema denkt, dass sie eine bestimmte Lebenseinstellung hat oder etwas auf eine bestimmte Art und Weise tut? Dann mache ihr ein Kompliment dazu. Zeige ihr, dass du in der Lage bist, aufmerksam zu sein, und sie wirklich wertschätzt.

#29: Wie spreche ich besonders heiße Mädchen an?

Wen wir attraktiv finden und als „heiß" einstufen, ist natürlich immer verschieden. Machen wir uns aber nix vor: Gerade wir Kerle sind sehr stark auf das Äußere fixiert. Genau das ist aber das Problem. Du beurteilst das Mädel nur nach ihrem Äußeren. Natürlich findest du sie attraktiv und deshalb willst du sie auch ansprechen. Aber beim Ansprechen ist es deine Aufgabe, herauszufinden, ob sie auch innerlich attraktiv ist, oder ob der äußere Schein trügt. Finde heraus, ob sie cool ist, ob sie Humor hat, ob ihr auf einer Wellenlänge seid. Wenn du auf etwas Langfristiges aus bist, sollte dein Ziel immer sein, dass ihr Charakter sie schön macht – nicht ihr Aussehen.

Du musst also aufhören, hübsche Mädels auf ein Podest zu stellen. Nur weil sie umwerfend aussieht oder ein paar gephotoshoppte Instagram-Bildchen hat, ist sie nicht gleich eine Gottheit. Auch die sehr heißen Mädels sind nur ganz normale Menschen – wie du und ich. Sie haben die gleichen Probleme, Ängste und Sorgen. Und auch sie sitzen morgens auf dem Klo.

Der einzige „Vorteil", den solche Mädels haben: Sie ziehen durch ihre Schönheit und Präsenz mehr Blicke auf sich als andere. Dies führt wiederum dazu, dass deine Konkurrenz ansteigt. Um dich also nicht wie die breite Masse an Männern zu verhalten, solltest du zeigen, dass du anders bist. Bedeutet: Hier ist es umso wichtiger, diesen Typ Mädel nicht mit Komplimenten zu ihrem Aussehen vollzuquatschen. Jeden Tag hören sie die gleichen Sprüche, lesen bei Facebook, wie hübsch sie sind, und haben immer wieder von den gleichen verzweifelten Kerlen Likes unter ihren neuesten Bildchen – das langweilt. Mach bitte nicht den gleichen Fehler und verhalte dich wie ein notgeiler Idiot.

Der Ansprechprozess bleibt dabei derselbe wie in den vorherigen Tipps auch. Nur mit dem Unterschied, dass du ihr mit deinem Verhalten im Gespräch vermittelst, dass du ein wertvoller Typ bist, um welchen sie kämpfen muss, wenn sie ihn haben will. Fordere sie heraus und zeige ihr damit, dass ihr beiden in einer Liga spielt. Ein großer Vorteil ist es außerdem, wenn du einen ähnlichen Lebensstil wie sie pflegst.

Beispiel: Sie legt viel Wert auf Kleidung? Dann sollte das bei dir auch der Fall sein! Wichtig aber: Bleib dabei authentisch. Du musst dich in deiner Haut wohlfühlen. Verstell dich nicht, nur um irgendeinem *„besonderen"* Mädel zu gefallen. Spiele keine Rolle, sondern sei echt!

#30: Wie frage ich nach ihrer Nummer?

Erstmal: Die Nummer ist nicht der Heilige Gral. Mit der Zeit wirst du merken, dass es sehr leicht ist, die Nummer von Mädels zu bekommen. Das ist gut, aber nicht das Ziel! Die Nummer ist lediglich ein Mittel zum Zweck bzw. ein Werkzeug, um ein Date zu vereinbaren. Im Optimalfall machst du sogar erst ein Date aus und holst dir dann die Nummer – schließlich müsst ihr ja in Kontakt bleiben.

Das Date ist IMMER das Ziel! Nach einiger Zeit im Flirt und steigender Erfahrung wirst du merken, ob es gut oder schlecht zwischen euch läuft. Wenn es gut läuft und du sie gerne wiedersehen willst, schlag ihr ein Treffen vor – das kann erstmal unverbindlich sein, ist aber ein Grund, warum ihr in Kontakt bleiben solltet. Und das heißt: Nummerntausch.

Viele Typen machen es falsch und verkaufen sich schon bei der Nummer unter Wert. **Schlechte Beispiele sind deshalb:**

- *„Bekomme ich deine Nummer?"*
- *„Wollen wir Nummern tauschen?"*
- *„Kannst du mir bitte deine Nummer geben?"*

Solche fragenden Formulierungen vermitteln immer Bedürftigkeit. Und Bedürftigkeit zeigt, dass du dich selbst nicht für wertvoll hältst. Eine sehr unattraktive Eigenschaft. Mache also aus der Frage eine Aussage. Das vermittelt Selbstbewusstsein und erhöht die Chance, ihre Nummer zu kriegen. Denn so stellst du den Nummerntausch gar nicht in erst in Frage.

Gute Beispiele sind deshalb:

„Du machst einen coolen Eindruck, lass uns demnächst mal was zusammen machen. Gib mir doch mal deine Nummer, dann melde ich mich."

Hol am besten ganz gechillt und mitten im Satz dein Handy aus der Hosentasche. Öffne das Zahlenfeld und halte es ihr hin, damit sie ihre Nummer eintippen kann. Das wirkt sehr selbstbewusst und dominant. Du nimmst ihr die Entscheidung ab, indem du den Nummerntausch zu etwas Selbstverständlichem machst!

#31: Wie frage ich beim Ansprechen nach einem Date?

Wie du in Frage #30 bereits gelernt hast, sollte ein Date immer dein Hauptfokus sein. Einfach nur mit dem Mädel zu sprechen oder mit ihr zu schreiben bringt nix, wenn es am Ende nicht zum Date kommt. Ein Kennenlernen findet in der echten Welt statt, nicht bei WhatsApp! Dazu aber später noch mehr. Nach einem Date zu *fragen,* ist das Gleiche, wie nach der Nummer zu fragen. Es wirkt bedürftig. Du fragst nicht, sondern formulierst es als Aussage. Nicht *„Wollen wir uns mal treffen?",* sondern *„Lass uns mal treffen!"*. Du kannst jede Frage in eine Aussage formulieren – in jeder Situation.

Wenn sie dir zum Beispiel von ihrem tollen letzten Urlaub erzählt, dann sag ihr:
„Das klingt spannend, erzähl mir doch die Tage mehr davon. Ich hätte am Freitag um 18 Uhr Zeit, dann können wir im Café XY was trinken gehen."

Bei solch einer Formulierung kannst du auch ein *„Passt dir das?", „Wie klingt das?",* oder *„Wie hört sich das an?"* hinten dranhängen, wenn du dich damit wohler fühlst. Solch kleinen Rückfragen sind in Ordnung, aber nicht zwingend notwendig.

Wie du an diesem Beispiel siehst, vereinbaren wir ein konkretes Date mit Zeit und Ort bzw. Aktivität. Nix Schwammiges wie *„Hast du Lust, dich mal zu treffen?"*. Solche Fragen deuten nicht nur auf ein fehlendes Selbstbewusstsein hin *(Natürlich will sie sich mit dir treffen!),* sondern führen beim Mädel auch dazu, dass sie nicht genau weiß, was sie erwartet. Das erhöht die Absprungrate.

Typische Gedanken des Mädels:

„Wo führt er mich hin? Was werden wir machen? Was soll ich anziehen? Soll ich mich locker kleiden, oder doch lieber elegant? Oh, ich weiß nicht, das ist alles so verwirrend. Vielleicht wäre es am besten, dass wir uns gar nicht treffen ...“.

Mach es dem armen Mädel also nicht unnötig schwer. Du weißt, was du willst, also bring auch einen konkreten Vorschlag.

Formuliere deinen Date-Vorschlag also immer mit:

- Tag
- Uhrzeit
- Aktivität und/oder Ort

#32: Soll ich ihr ein Kompliment beim Ansprechen machen?

Wie bereits bei Frage #28 erwähnt: Sei vorsichtig mit Komplimenten!

Wenn du sie *direkt* ansprichst, ihr also sagst, dass du sie interessant oder attraktiv findest, dann ist das in Ordnung. Dieses eine Kompliment zu Anfang reicht dann aber auch fürs erste aus, ansonsten wird es sehr schnell too much – und damit auch für das Mädel unangenehm! Kein Mensch mit einer gesunden Persönlichkeit möchte ein Kompliment nach dem anderen um die Ohren geballert bekommen. Darum gehts auch nicht beim Kennenlernen: Schließlich will sie dein *echtes Ich* kennenlernen, nicht dein *verschöntes* Ich!

Konzentriere dich also auf wichtigere Dinge, als Komplimente zu verteilen. Sie sollten, wenn überhaupt, die goldene Ausnahme sein. Ein Date, bei dem du ihr alle 10 Minuten ein Kompliment machst, ist einfach nur creepy. Natürlich: Wenn dir spontan etwas wirklich Tolles an ihrem Charakter auffällt, oder etwas, das du bisher so bei keinem Mädel gesehen hast, dann darfst du das auch situativ ansprechen. Bringst du solche individuellen Komplimente natürlich und wie selbstverständlich rüber, sind sie auch ehrlich, weil sie etwas Besonderes sind und keine von diesen Floskeln à la *„Du hast so schöne Augen"*.

Merke dir:

Ein komplettes Kennenlernen kann ohne ein einziges Kompliment auskommen. Verzichte vor allem auf unnötige Schleimereien, wie du sie beispielsweise aus Filmen kennst. Bleib echt, bleib dir selbst treu und sorge für ein ehrliches Kennenlernen.

#33: Wie finde ich heraus, ob sie einen Freund hat?

Die Frage ist: Was spielt das für eine Rolle? Fürs Erste ist das irrelevant! Immerhin willst du ja sie kennenlernen und nicht ihren Freund. Das Problem: Du denkst bereits 10 Schritte voraus, hast aber vermutlich noch nicht mal Schritt 1 gemacht: Sie angesprochen. Bevor du nicht weißt, ob sie cool genug für dich ist, ist auch die Sache mit der Beziehung unwichtig.

Auf keinen Fall fragst du sie so etwas direkt (*„Hast du eigentlich einen Freund?"*). Der Grund: Es gleicht einem Liebesgeständnis. Sie weiß sofort, worauf du hinauswillst. Es setzt sie unnötig unter Druck und vermittelt Bedürftigkeit. Das Ganze geht besser und eleganter: Im Gespräch kannst du durch umgekehrte Psychologie ziemlich einfach herausfinden, ob sie vergeben ist. Dafür eignen sich Behauptungen. Du unterstellst ihr einfach, dass sie einen Freund hat.

Beispiel:
Wenn sie etwas über sich erzählt, z. B., dass sie gerne kocht, sagst du so etwas wie:
„Wow, dein Freund kann sich ja echt glücklich schätzen!"

Jetzt wird sie entweder antworten *„Ja stimmt, dem schmeckt mein Essen echt gut"*, oder *„Ich habe gar keinen Freund"*. Du hast also das gleiche Ergebnis, wie bei der direkten Frage, kommst aber deutlich selbstbewusster rüber. Und, du hast noch einen weiteren Vorteil: Du wirkst entspannter, weil du kein Problem damit hast, dass sie einen Freund haben könnte, da du ja bereits davon ausgegangen bist. Dadurch entsteht bei ihr unterbewusst die Frage: *„Warum juckt es ihn nicht?"* Der Moment, in dem du plötzlich interessant wirst.

Merke dir: Unterstellungen/Behauptungen sind ein gutes Werkzeug beim Flirten (in der Fachsprache: *Cold Reading*). So kannst du die Antwort zu jeder Frage bekommen, ohne danach zu fragen. Das vermeidet einen langweiligen Interviewmodus im Flirt.

#34: Sie hat einen Freund! Was tun?

Das ist wohl eine der häufigsten Antworten, die du beim *direkten* Ansprechen zu hören bekommst. Sehr häufig handelt es sich dabei einfach nur um eine spontane Ausrede, weil das Mädel mit der Situation überfordert ist. Ob es stimmt, lässt sich leicht herausfinden: Lass sie ein bisschen über ihren Freund erzählen, dann merkst du, wie viel Wahrheit hinter der Story steckt.

Beispiel: Frag nach seinem Namen und daraufhin schnell nach seinem Alter. Wenn sie eine lange Denkpause dazwischen hatte, ist es wahrscheinlich nur erfunden. Wenn sie dir die Antwort ohne zu zögern gibt, hat sie vermutlich wirklich einen Freund.

Deine Reaktion auf den *fake* Freund:
Falls du sie beim Lügen erwischt, zeig ihr das nicht. Sie würde nur noch verschlossener werden und sich von dir distanzieren oder das Gespräch schnell beenden. Spiel stattdessen mit und versuche das Thema vom Fake-Freund weg und auf sie als Person zu lenken. Der Flirt geht einfach weiter.

Deine Reaktion auf ihren *echten* Freund:
Wenn sie wirklich einen Freund hat, ist es enorm wichtig, ihn niemals schlecht zu reden! Rede stattdessen positiv über ihn, z. B. *„Der ist bestimmt ein richtig cooler Typ“* oder *„Was für ein Glückspilz – dich als Freundin zu haben“.*

Wenn du ihn schlecht redest, wird sie ihn nur verteidigen. Sie stellt sich auf seine Seite. Redest du gut von ihrem Freund, kann das Gegenteil passieren: Sie bringt auf einmal Gegenargumente, *dass er ja doch nicht immer so zuverlässig ist, häufig wenig Zeit für sie hat, und und und.* Sie stellt sich gegen ihn und damit auf deine Seite. Die Frage nach der Moral musst du für dich beantworten.

Redet sie allerdings schlecht über ihren Freund, hast du nur etwas angesprochen, was sowieso schon der Fall war. Du bist nur für dein Glück verantwortlich, nicht für das Glück anderer. Sie ist vergeben: Die moralische Verantwortung liegt in diesem Fall bei ihr.

Versuche in jedem Fall, dir ihre Nummer zu holen, wie in Frage #30 beschrieben. Das funktioniert häufiger, als du denkst, weil du nie wissen kannst, wie gut bzw. schlecht ihre Beziehung läuft. Was ist, wenn sie kurz vor einer Trennung steht? Oder eine offene Beziehung führt? Am Ende des Tages wird sie irgendwen brauchen, wenn sie keine Lust mehr auf ihren Freund hat. Wieso solltest das nicht DU sein?

Kapitel 3:
Fragen zum Texten

#35: Ich habe ihre Nummer bekommen. Wann sollte ich ihr schreiben?

Beruhige dich erstmal wieder und überstürze nichts.

Der Drang in dir, ihr zu schreiben, ist vermutlich riesig, das geht jedem Mann so. Aber ihr sofort zu schreiben *(vielleicht sogar mit mehreren Nachrichten hintereinander)* wird dich nur bedürftig aussehen lassen. Wodurch ihre Anziehung zu dir wieder in den Keller fällt. Du zeigst, dass du völlig ungeduldig bist und kein eigenes Leben hast. Denn sonst hättest du erstmal 100 wichtigere Dinge zu tun, als ihr zu schreiben. Du darfst dir also ruhig ein bisschen Zeit lassen. Es müssen keine 3 Tage sein, aber 2, 3 Stunden oder der nächste Tag sind immer besser, als direkt Vollgas zu geben. **Beispiel:** Du bekommst abends in einer Bar ihre Nummer. Daraufhin schreibst du sie frühestens am nächsten Abend an und nicht noch mitten in derselben Nacht. Vermeide außerdem nachzuhaken, wenn sie auf deine erste Nachricht nicht reagiert. Nachrichten gehen nicht unter, sie hat sie gelesen. Gib ihr Zeit zu antworten, und spamm sie auf keinen Fall zu. Du schreibst EINE Nachricht und wartest dann auf ihre Antwort. Egal wie lange das dauert.

Beispiel für die erste Nachricht: „Hey Lisa, hat mich echt gefreut dich kennenzulernen. Ich hoffe, du hast Runde 1 bei Shopping Queen gewonnen ;-)"

Sie heißt Lisa und du hast sie gerade beim Shopping in der Stadt erwischt. Baue in die erste Nachricht immer einen Insider aus eurem Gespräch bzw. der Situation ein. Weitere Tipps zur ersten Nachricht gibt es auf den nächsten Seiten.

> **Tipp:** *Schreibe ihr besser erst abends. Hier sind Menschen entspannter und haben mehr Zeit, weil in der Regel nichts mehr ansteht. In solch einem Moment kommt Ablenkung sehr gelegen. Ablenkung mit dir. ;-)*

#36: Wie schreibe ich ein Mädchen beim Online-Dating an?

Die zwei größten Fehler, die Männer beim Online-Dating machen, sind:

1. Online-Dating zu ernst zu nehmen.
2. Genau das Gleiche zu tun, wie zig andere Kerle auch.

Viele Typen verhalten sich gleich und reduzieren das Mädel z. B. nur auf das Äußere, werfen ihr direkt ein Kompliment um die Ohren oder schreiben nur ein langweiliges *„Hi, wie geht's?"*. Ehrlich: Wenn du so faul bist, dann hast du das Mädel auch nicht verdient.

Deine erste Nachricht muss ihr Interesse wecken, denn in den meisten Fällen hast du nur diese eine Chance. Wenn du dabei nicht aus der Masse herausstichst, hast du schon verloren. Achte beim Schreiben also darauf, dass deine erste Nachricht kreativ, vielleicht sogar frech ist und ihr auf witzige Art und Weise zeigt, dass du Online-Dating nicht zu ernst nimmst. Kurz: Wecke ihre Neugier! Checke außerdem deine Nachricht vor dem Abschicken *immer* auf Bedürftigkeit. Stell dir dafür immer die Frage: *„Welches Bild von mir entsteht durch diese Nachricht?"*

Grundregel: Eine gute erste Nachricht besteht aus 1 bis 3 Sätzen, nicht aus Romanen! Investiere außerdem am Anfang nicht zu viel in sie. Finde stattdessen heraus, wie sie drauf ist, und ob eine weitere (Zeit-) Investition sinnvoll wäre oder nicht. Immerhin ist deine Zeit kostbar!

Findest du nichts in ihrem Profil, was sich als individueller Aufhänger eignet, gehen auch immer allgemeine Opener, wie z. B.: *„Hey XY, wir haben ein Match! Ich vermute, wir müssen jetzt heiraten. Ich könnte heute Abend ab 19 Uhr. Jetzt müssen wir nur noch klären, ob traditionell oder ausgefallen."*

(**WARNUNG:** Kopiere keine Nachrichten blind! Arbeite immer daran, deinen eigenen Stil zu entwickeln, indem du dir eigenständig Nachrichten passend zu deiner Persönlichkeit und deinem Humor ausdenkst. Denn, wenn du nach dem Opener schon nicht mehr weiterweißt, bringt es dir auch nichts, wenn sie antwortet!)

Warum das eine gute Einstiegsnachricht ist?

- Du startest durch das Rollenspiel einen spielerischen Flirt.
- Du zeigst, dass du Online-Dating nicht zu ernst nimmst *(Ironie durch Übertreibung).*
- Du vermittelst positive Assoziationen, durch ein emotionales Thema *(Heiraten).*
- Du machst indirekt einen Date-Vorschlag.
- Du gibst ihr am Ende die Möglichkeit zu antworten, ohne eine Frage zu stellen.

#37: Wie schreibe ich ein Mädchen an, das ich von *„früher"* kenne?

Gegenfrage: Warum willst du sie anschreiben, wenn du sie schon kennst? Dafür gibt es keinen plausiblen Grund – außer, dass du es dir in deiner Komfortzone gemütlich machst.

Mit einem Mädchen, welches du schon kennst, hattest du vermutlich irgendwann irgendwo schon mal persönlichen Kontakt. Außer, du hast sie irgendwo im Internet kennengelernt. Dann ist es aber auch weit aus dem Fenster gelehnt, zu behaupten, ihr würdet euch *kennen*. Einen Menschen lernst du immer erst im persönlichen Gespräch kennen. Und solchen Internetbekanntschaften hinterher zu trauern, ist das Letzte, was du tun solltest. Die Welt da draußen hat mehr zu bieten.

Die Frage ist immer: Warum ist euer Kontakt in die Brüche gegangen? Hier solltest du zwischen **drei Gründen** unterscheiden:

1. **Es lag an ihr:** Sie hat dir einen Korb gegeben oder sich so scheiße verhalten, dass du irgendwann keinen Bock mehr auf sie hattest. Egal was es war, lag es an ihr, gibt es auch keinen Grund, sie wieder anzuschreiben. Sie hat dich nicht verdient! Lerne, nur den guten Mädels deine Aufmerksamkeit zu schenken.

2. **Es lag an dir:** Du hast irgendein Drama abgezogen oder irgendeine andere dumme Aktion. Das war blöd, aber passiert. Lerne, zu Fehlern zu stehen. Es wieder gut zu machen, funktioniert nur in Filmen. Entschuldige dich bitte nur bei sehr, sehr krassen Fehlern. Ansonsten sind Entschuldigungen tabu. Steh zu deinen Entscheidungen – auch wenn sie dumm waren. Und mach es bei dem nächsten Mädel besser.

3. **Es gab keinen Grund:** Auch das ist möglich. Vielleicht hattet ihr beide damals einfach andere Dinge im Kopf. In diesem Fall kannst du sie natürlich problemlos anschreiben. Es empfiehlt sich, hierbei immer eine positive Situation bzw. einen Insider von damals einzubauen. Was hat euch verbunden, worüber habt ihr viel gesprochen? Greife das auf, um diese Emotionen von damals wieder bei ihr zu wecken. Mache ihr auf keinen Fall Vorwürfe und werde nicht emotional! Gib ihr einfach nur eine Chance, den Kontakt wiederherzustellen.

#38: Wie schreibe ich ein Mädchen z. B. über Facebook oder Instagram an?

Wichtig zu verstehen, ist: Soziale Netzwerke wie Facebook, Instagram & Co. sind KEINE Datingseiten! Dadurch wird es unklar, ob das Mädel, das du anschreibst, überhaupt aktuell auf der Suche ist oder nicht. Das hat bereits einen faden Beigeschmack.

Es gibt drei Varianten, um sie anzuschreiben:

A) Du kennst sie und hast bereits mit ihr gesprochen:

- Bleib beim Kennenlernen im Reallife!
- Beim Anschreiben am besten Insider-Infos nutzen.

Beispiel: Sie hat dir erzählt, dass sie sich ein neues Fahrrad gekauft hat? *„Hey du Radrennprofi! Ich vermute, du hast schon alle Straßen im Dorf unsicher gemacht. Vielleicht fordere ich dich mal zum Rennen heraus ;)"*

B) Du kennst sie, aber hast noch nicht mit ihr gesprochen:

- Wenn ihr euch im Reallife seht: Ansprechen, nicht anschreiben!
- Beim Anschreiben wäre es von Vorteil, wenn du zumindest ein paar Eckdaten von ihr hast.

Beispiel 1: „Hey, entweder habe ich dich schon häufiger in der Pause gesehen oder du stalkst mich. Lass mich raten: Du bist in der 10b, richtig?"

Beispiel 2: „Hey, du hast doch letztens bei diesem Umweltprojekt mitgemacht! Mir war das ja zu anstrengend, ich habe beim Sportprojekt mitgemacht. Wie hat es dir denn gefallen?"

C) Du kennst sie nicht und hast auch noch nie mit ihr gesprochen:

- Vorsicht: Fremde Mädels über das Internet anzuschreiben ist immer ein Verzweiflungsmove.
- Gerade die *„besonders hübschen"* kriegen viele solcher Nachrichten. Somit wirst du nur einer von vielen sein. Sei dir für so etwas zu schade!
- Wichtig: Gehe nicht auf ihr Äußeres ein, suche dir etwas Spannendes aus ihren Bildern heraus.

Beispiel: Sie hat ein Urlaubsbild von Mallorca und du warst erst letztens auch dort: „Hey, ich habe dein Bild von Mallorca gesehen. Ich war da auch letzten Monat für 2 Wochen. Da wären wir uns ja fast über den Weg gelaufen. Oder lagst du den ganzen Tag nur faul am Strand rum?"

#39: Wie schreibe ich sie nach längerer Zeit wieder an (z. B. nach einem Monat)?

Frag dich immer zuerst einmal, warum ihr schon so lange keinen Kontakt mehr miteinander hattet. Falls ihr z. B. im Streit auseinandergegangen seid, dann überlege dir: *„Passt es vielleicht einfach nicht?"*

Die bittere Wahrheit ist: Menschen verändern sich in den meisten Fällen nicht. Zumindest nicht grundlegend. Wenn ihr z. B. früher schon Probleme hattet und es aus irgendwelchen Gründen nicht funktioniert hat, dann ist die Wahrscheinlichkeit *sehr groß*, dass es wieder genauso enden wird.

Ist der Kontakt ohne Grund abgebrochen, dann: Suche nach einem positiven Aufhänger. Was hat euch damals verbunden, was habt ihr erlebt und welche Verbindung hattet ihr?

Dein Ziel ist es, sie in die emotionale Stimmung von damals zurückzuholen – das funktioniert über Erinnerungen bzw. Insider von damals. Oder zeige durch Sarkasmus, dass du soziale Intelligenz besitzt, und dir der Situation bewusst bist.

Beispiel für eine gute Einstiegsnachricht: *„Hey XY, lange nichts von dir gehört! Ich vermute, du wurdest von Aliens entführt und sie haben dich auf ihrem Schiff festgehalten. Schick mir doch mal eine Postkarte!"*

(**WARNUNG:** Kopiere keine Nachrichten blind! Arbeite immer daran, deinen eigenen Stil zu entwickeln, indem du dir eigenständig Nachrichten passend zu deiner Persönlichkeit und deinem Humor ausdenkst.)

Warum das eine gute Einstiegsnachricht ist?

- Sie beinhaltet keine Arschkriecherei, wie z. B. „Würde mich freuen, wenn du dich meldest" oder „Ich vermisse dich".
- Du gibst ihr einfach nur die Chance, den Kontakt wiederherzustellen. Ohne, dass du darum betteln musst oder bedürftig rüberkommst!
- Durch ironische Übertreibung zeigst du, dass du deswegen kein Drama machst. Zusätzlich ziehst du sie mit der Alien-Story noch ein bisschen auf und bringst sie vielleicht sogar zum Lachen.

#40: Wie schreibe ich ihr einen Brief/Zettel?

Machen wir die Antwort mal kurz: *Am besten gar nicht.*

Liebesbriefe oder kleine Zettel mit süßen Nachrichten drauf funktionieren nur in romantischen Filmen. Das Leben ist aber nicht Hollywood – oder willst du am Ende neben einer Tür im eiskalten Atlantik absaufen? Ein Kennenlernen benötigt diese pseudo-romantischen Aktionen nicht.

Denn in Realität sind sie einfach nur peinlich und zeigen, wie verzweifelt du bist. Denn irgendwelche Briefe haben nicht mal im Ansatz etwas mit Verführung zu tun. Sie dienen einfach nur als Abkürzung, weil du zu faul bist, das Mädel mithilfe deiner Persönlichkeit zu überzeugen. Das Problem bei Abkürzungen ist nämlich: Früher oder später landest du im Graben.

Liebesbriefe & Co. vermitteln keinen guten ersten Eindruck und sind erst recht keine Grundlage für eine gesunde Beziehung, weil du bereits mit einem Ungleichgewicht startest. Du investierst viel zu viel. Oder sieht für dich so ein Kennenlernen auf Augenhöhe aus? Schlag dir diese romantische Vorstellung also schnell wieder aus dem Kopf und lass dir ein paar Eier wachsen. Bei Mädchen wird es immer besser ankommen, wenn du deinen Mut beweist und sie persönlich ansprichst. Dein Ziel sollte es sein, dass sie dich als starken, selbstbewussten Kerl wahrnimmt – mit solchen schüchternen Aktionen beweist du nur das Gegenteil. Denn du entziehst dich jeglicher Verantwortung für ein Kennenlernen, weil du nicht einmal bei so einer Kleinigkeit bereit bist, deine Komfortzone zu verlassen und sie anzusprechen. Selbstbewusstsein an den Tag legen, Mut zeigen und Verantwortung für dein Handeln zu übernehmen, sind wichtige Eigenschaften für eine gesunde und funktionierende Beziehung. Wenn du nicht mal den Mut aufweisen kannst, mit ihr zu sprechen, wird es auch mit einer Beziehung nix – denn die besteht aus viel gemeinsamer Zeit. Liebesbriefe oder Zettel stellen eine viel zu große Investition deinerseits dar.

Schmeiß diese Taktik also bitte über Bord. Bewahre dir deinen Stolz und verkaufe dich nicht unter Wert!

#41: Sie hat mich blockiert. Was jetzt?

Das ist zwar bitter, passiert aber den besten unter uns. Bleib also locker und flipp nicht gleich aus – dein Leben geht weiter. Denn es ist ihr gutes Recht, dich zu blockieren, wenn sie das für richtig hält. Der Grund für das Blocken kann dir in der Regel egal sein, denn in den meisten Fällen würde das nichts daran ändern, dass sie dich wieder entsperrt. Rational zu diskutieren und mit irgendwelchen Gegenargumenten um die Ecke zu kommen, funktioniert in der Liebe nicht.

Dennoch gibt es einige Kerle, die sich dann ziemlich angegriffen fühlen und den Grund *unbedingt* herausfinden wollen. Die Gründe dafür könnten von Frau zu Frau nicht unterschiedlicher sein.

Mögliche Gründe für einen Block:

- Du hast etwas gesagt, das ihr nicht gefallen hat.
- Du hast etwas getan, das ihr nicht gefallen hat.
- Du hast sie in einem Moment angeschrieben, indem sie gerade genervt, gestresst oder schlecht gelaunt war.
- Oder: Sie weiß es selbst nicht genau. Ihr war einfach danach.

Und so weiter.

„Aber Chris ...“ – nein, kein Aber! Ihre Entscheidung ist gefallen und die wirst du akzeptieren müssen. Egal, wie sehr du vom Gegenteil überzeugt bist. Selbst, wenn dich die Schuld trifft. Eine Entschuldigung wird dir nicht helfen und ich rate dir davon ab. Denn: Damit zeigst du nur deutlich, dass du nicht zu deinen Entscheidungen stehst. Es wird dich nur noch unattraktiver machen. Die Lösung lautet: Lerne aus solchen Fehlern und mache es bei dem nächsten Mädel besser.

Merke dir: Wenn sie dich blockiert, ist es das deutlichste Zeichen dafür, dass sie kein Interesse hat!

Was also jetzt tun?
Wow, du hast einen Korb bekommen. Na und? Leb damit. Vergiss sie. Hake sie ab und konzentriere dich darauf, *neue* Mädels kennenzulernen, die auch wirklich interessiert an dir sind. Denn die wichtigste Eigenschaft, um glücklich zu werden, besteht darin, zu lernen mit alten Dingen abzuschließen und neue Wege zu gehen, statt an der Vergangenheit festzuhalten und darüber zu jammern wie ein Verlierer. Du hast nichts verloren.

Im Gegenteil! Sie hat dir gezeigt, dass sie nicht die passende Partnerin für dich ist. Genaugenommen solltest du ihr sogar dafür danken. Sie hat dir nämlich die Möglichkeit gegeben, dich auf neue Mädels zu konzentrieren, welche besser zu dir passen werden. Schick ihr bei Gelegenheit doch mal einen „Dankesbrief". *Nein, um Himmels willen! Tu das nicht – war nur ein Witz!*

#42: Wir schreiben schon sehr lange, haben uns aber noch nicht getroffen. Ist das gut?

Wenn ihr viel Kontakt zueinander habt, ist das zunächst einmal natürlich sehr gut, weil es zeigt, dass sie an dir interessiert ist – sowie natürlich auch du Interesse an ihr hast. So etwas kann aber auch schnell ins Extreme schlagen: Zum Beispiel, wenn ihr nur noch rund um die Uhr miteinander am Schreiben seid. So süß das auch klingt, es führt dazu, dass sie dich früher oder später langweilig findet und du ihr keinen Grund mehr lieferst, sich mit dir zu treffen. Denn sie kriegt ja auch so schon deine komplette Zeit und kennt dich in- und auswendig. Beim Verführen geht es aber nicht darum, stundenlang mit dem Mädel zu schreiben, sondern darum, sich zu treffen und in der realen Welt möglichst viel Zeit miteinander zu verbringen.

Dieses Ziel darfst du bei der Schreiberei niemals aus den Augen verlieren!

Merke dir: *Er tippt und tippt, bis die Anziehung kippt …*

Je mehr Zeit vergeht, ohne dass es zu einem Treffen in der Realität kommt, desto weiter sinkt auch ihr Interesse. Denn sie ist nicht auf der Suche nach irgendeinem Typen, der stundenlang mit ihr schreibt, sondern nach einem Mann, der in ihrer Nähe ist.

Und je länger du das Treffen hinausschiebst, z. B. aus Angst davor, danach zu fragen oder beim Date zu verkacken, desto höher wird auch der Druck werden, sich wirklich zu treffen. Auf beiden Seiten. Und je höher der Druck sich zu treffen, desto unwahrscheinlicher wird es. Folglich endet das Ganze darin, dass ihr beide in eurer Komfortzone *(dem Schreiben)* gefangen bleibt und sie früher oder später nicht mehr auf deine Nachrichten antwortet, weil sie irgendwann einen Typen kennenlernt, der nicht nur tippt, sondern sich auch mit ihr trifft.

Regel: Schreibe niemals länger als einen Monat mit einem Mädel ohne, dass es zu einem persönlichen Treffen kam!

Sei dir immer bewusst: Deine Zeit ist zu kostbar, als dass du sie mit sinnloser Schreiberei verschwenden würdest. Sei nicht der Typ, der immer verfügbar bist. Willst du eine Freundin aus Fleisch und Blut oder eine, die nur aus Einsen und Nullen besteht?

#43: Ich habe ihr geschrieben. Sie hat nicht geantwortet. Warum?

Du könntest dir jetzt natürlich ewig den Kopf darüber zerbrechen, was die Gründe sind oder dich einfach nur fragen: *Warum juckt mich das?*

Hättest du ein spannendes Leben, wäre es dir vermutlich gar nicht aufgefallen, dass sie nicht geantwortet hat. Kurz: Du bist abhängig von ihr und von der Texterei. Das ist nicht gesund. Schließlich ist nichts Schlimmes passiert. Auf keinen Fall solltest du jetzt aus Verzweiflung weitere Nachrichten hinterherschicken. Dieser Move würde ihr einfach nur zeigen, wie bedürftig du bist, bzw. dass du nichts Besseres zu tun hast, als auf ihre Antwort zu warten.

Keine Antwort zu bekommen, kann zwei Gründe haben:

A) Sie hat kein Interesse

- Denn, wenn wir uns für jemanden nicht interessieren, schenken wir ihm auch keine Aufmerksamkeit. In diesem Fall gilt: Akzeptieren, abhaken und neues Mädel suchen.
- Interesse kannst du nicht erzwingen – auch nicht, wenn du jetzt noch eine Nachricht schreibst! Sie ist dir absolut keine Rechenschaft schuldig.

B) Sie hat keine Zeit

- Dieser Grund ist viel häufiger der Fall.
- Akzeptiere, dass das Mädel auch noch ein eigenes Leben hat, dass sie Freunde hat, gerade lernen muss, ihre Familie sie braucht oder was auch immer.
- Es ist ein gutes Zeichen, dass sie noch ein Leben neben dir hat!

Für dich gilt: Gehe immer vom besten Fall aus, nicht vom Worst-Case-Szenario – lerne zu warten. Oder besser noch: Beschäftige dich in der Zwischenzeit mit anderen Dingen, gehe deinen Hobbys nach und lenk dich ab. Schreib ihr frühestens in zwei Tagen wieder. Wenn dann wieder nichts von ihr zurückkommt – hake sie ab.

#44: Sie braucht immer sehr lange zum Antworten. Warum?

Gegenfrage: Hast du mit deiner Zeit wirklich nichts Besseres anzustellen, als andauernd auf deinem Smartphone abzuchecken, ob sie dir bereits zurückgeschrieben hat? Come on, du hast Wichtigeres zu tun, als auf sie zu *warten*.

Verstehe, dass sie auch ein Leben neben dir hat und du, zumindest noch in diesem Moment, nicht die wichtigste Person in ihrem Leben mit der höchsten Priorität bist. Das ist etwas, was du dir erst noch verdienen musst. Und das braucht viel Zeit, seeeehr viel Zeit. Auch, wenn du dir gerne das Gegenteil wünschst. Interesse ist nichts, was du erzwingen kannst. Übst du Druck auf sie aus, spammst du sie zu oder machst ihr sogar Vorwürfe, ruinierst du alles, was du dir an Sympathie aufgebaut hast. Bleib also entspannt!

Eine relativ gute Sache hat das Ganze aber in der Tat: Es zeigt, dass sie ein eigenständiges Leben hat. Gefüllt mit Interessen, Hobbys, Arbeit, Freunden und was das Leben sonst noch alles zu bieten hat. All das sind Zeichen, an denen du eine gesunde Persönlichkeit erkennst *(und damit potenzielles Beziehungsmaterial).*

Mach dir also keinen allzu großen Kopf darüber, wenn sie dir mal nicht gleich antwortet. Es ist völlig egal, wie lange sie zum Antworten braucht oder wie häufig sie dir schreibt. Solange ihr euch im echten Leben gut versteht, ist es völlig egal, wie sie sich beim Schreiben verhält. Treffen sind wichtig, keine Chats! Bewerte ihr Interesse immer nur anhand ihrer Taten, nicht anhand ihrer Worte.

Verliere dein Ziel nicht aus den Augen: Das Date. Wenn du ständig nur Fragen an sie richtest, wissen willst, wie ihr Tag war, oder sinnlos mit ihr schreibst, nur um ein bisschen Aufmerksamkeit von ihr zu bekommen, dann ist es auch kein Wunder, dass sie keine Lust hat, dir zu antworten – oder mit der Zeit komplett das Interesse verliert. Langweilen wir Menschen uns, suchen wir uns etwas Spannenderes. Sei also der spannende Part in ihrem Leben, nicht der Langweilige.

Noch einmal zur Wiederholung, weil es so wichtig ist:
Das oberste Ziel des Textens ist und bleibt das Vereinbaren eines Treffens!

#45: Sie antwortet plötzlich nicht mehr. Warum?

Wenn ihr schon länger miteinander geschrieben habt und sie irgendwann einfach nicht mehr antwortet, kann das ziemlich bitter sein, keine Frage. Wir alle waren schon einmal in dieser Situation und können diesen Gedanken gut nachvollziehen. Leider kann es aber immer passieren, dass sie das Interesse verliert. Egal, wie sicher du dir bist. Schließlich gehen selbst Ehen nach 30 Jahren plötzlich in die Brüche. Passiert.

Versuche aber, daraus zu lernen und es beim nächsten Mädel besser zu machen. Dein Fehler war nämlich, dass du die Zeit unterschätzt hast, in welcher du sie hättest verführen können. Zeit ist dein größter Feind! Wenn du zu langsam bist, ist ein anderer Typ schneller. Den genauen Grund für ihr Verhalten kann man aber nur schlecht pauschalisieren. Ich möchte dir trotzdem einige potenzielle Gründe nennen:

- Vielleicht hat sie jemand Interessanteres kennengelernt.
- Vielleicht hat sie gerade einfach keinen Kopf für eine Beziehung.
- Vielleicht hat sie gemerkt, dass es mit euch einfach nicht passt.
- Vielleicht ist ihr Ex-Freund wieder in ihr Leben getreten.
- Vielleicht hat sie ernsthafte familiäre Probleme.
- Oder vielleicht steht sie zurzeit durch Job oder Schule unter Stress.

Egal, was es ist: Du kannst es nicht ändern. Interesse lässt sich nicht erzwingen. Manchmal passen Menschen einfach nicht zusammen – oder die Umstände passen gerade nicht.

Liebe entsteht nicht auf rationaler Ebene, sondern auf emotionaler. Egal, wie viele Gründe du hast, warum ihr so gut zusammenpasst, oder wie gut ihr euch bisher verstanden habt. Mädels handeln emotional. Deshalb ist es umso wichtiger, dass du das Mädel jeden Tag aufs Neue verführst.

Nur, weil ihr mal ein, zwei tolle Dates hattet, heißt es nicht, dass du dich auf deinem Erfolg ausruhen kannst und die Sache jetzt läuft.

Verführung findet jeden Tag aufs Neue statt.

#46: Sie stellt keine Gegenfragen oder antwortet nur sehr knapp. Warum?

Grundsätzlich ist das ein schlechtes Zeichen. Es kann darauf deuten, dass sie wenig bis gar kein Interesse hat. Denn sonst würde sie sich für dich als Menschen interessieren und selbst bereit sein zu investieren.

Du solltest also besser nach einem neuen Mädel Ausschau halten, welches auch wirklich zu 100 % an dir und deiner Person interessiert ist. Im Leben zu selektieren ist ein wichtiger Prozess, um glücklich zu werden. Findest du jemanden, mit dem du auf einer Wellenlänge bist, merkst du auch automatisch, dass der Verführungsprozess viel leichter vorangeht, mit weniger Aufwand, weniger Problemen und weniger Fragen, die in diesem Buch stehen.

Aber auch hier muss man differenzieren. Wenn sie sich z. B. bei einem realen Treffen deutlich interessierter verhält, als über den Chat, dann besteht auch kein Grund zur Sorge. Handlungen – nicht Worte – zählen. Auch wenn sie nur einmalig keine Gegenfrage stellt, musst du nicht gleich in Panik verfallen. Wenn dir das aber häufig passiert, vielleicht sogar bei verschiedenen Mädels, ist es kein Zeichen von erfolgreichem Flirten & Verführen.

Vielleicht liegt der Fehler bei dir. Es könnte sein, dass du ihr zu viele Fragen stellst – womöglich sogar mehr, als eine pro Nachricht. In dem Fall hat das Mädel weder eine Chance noch einen Grund dir Gegenfragen zu stellen.

Dasselbe passiert, wenn du zu jeder ihrer Antworten gleich deine Meinungen und Ansichten preisgibst. Chill ein wenig. Relax. Lass dir gezielt ein wenig Zeit und gib ihr die Freiheit, dir Fragen stellen zu können. Sei kein offenes Buch. Präsentiere ihr dein Leben nicht gleich auf einem Silbertablett. Auch sie muss etwas für das Kennenlernen tun!

Lerne deshalb auch Pausen im Gespräch und per Text zuzulassen und dich mit ihnen wohlzufühlen. Dadurch gibst du ihr *überhaupt erst* die Möglichkeit, dir Gegenfragen zu stellen.

#47: Sie ist online oder hat die Nachricht gelesen, aber antwortet nicht. Warum?

Vermutlich hat sie gerade etwas anderes zu tun und kann dir deshalb nicht antworten. Wenn ihr noch keine starke emotionale Bindung zueinander aufgebaut habt, oder sie in diesem Moment *„Wichtigeres"* zu tun hat, dann wird sie dir nicht gleich antworten.

Der größte Fehler, den du jetzt machen kannst, ist es, ihr Vorwürfe zu machen, indem du empört reagierst und ihr dutzende Nachrichten hinterherschickst, warum sie dir gerade nicht schreibt, obwohl sie online ist! Das zeigt sehr deutlich, dass es dir an Selbstvertrauen und sozialer Intelligenz fehlt. Nach einer solch unnötigen Drama-Aktion von dir wird sie sich zweimal überlegen, ob sie dir überhaupt noch zurückschreibt, oder dir gleich nach drei Tagen *(welche sich grausam lange für dich anfühlen werden)* den Todesstoß mit einer Nachricht wie *„Ich habe nachgedacht ... bla bla bla ... Und ich glaube, wir sollten besser nicht länger in Kontakt bleiben"* gibt. Sei froh, dass sie ein eigenes Leben hat und dich nicht jede Sekunde tot-stalked, indem sie deinen Online-Status checkt, schaut, ob die Nachrichten eine Lesebestätigung haben, und dich jedes Mal mit einem totalen Drama zuspammt – nur, weil du ihr nicht gleich geantwortet hast, weil du in diesem Moment etwas Wichtigeres zu tun hattest.

Mit Sicherheit aber in einer freien Minute liebend gerne etwas geschrieben hättest.

Denn das ist die Krux an der Sache: Sehr wahrscheinlich hätte sie dir geantwortet, sobald sie Zeit gehabt hätte. Mit Drama killst du aber jede positive Stimmung.

Lerne zu reflektieren und dich in ihre Lage zu versetzen. DU bist diese nervige und vor allem unglaublich bedürftige Person, welche nichts Besseres in ihrem Leben zu tun hat, als auf eine Nachricht von ihr zu warten. Das Leben ist ein Geschenk!

Verschwende deine kostbare Zeit auf dieser Welt nicht damit, am Handy zu hängen und auf eine Antwort zu warten, sondern gehe da raus und lebe. Tue die Dinge, die du wirklich tun willst. Dann hast du auch gar nicht erst die Zeit, dir über so einen Bullshit Gedanken zu machen.

#48: Wir schreiben immer mit Herzen. Was hat das zu bedeuten?

Herzchen-Emojis sind erstmal nichts weiter als Herzchen-Emojis. Viele Typen interpretieren da heutzutage viel zu viel rein und vernachlässigen dadurch das eigentliche Kennenlernen. Die viel wichtigere Frage ist nämlich: Wie verhält sich das Mädel in der realen Welt dir gegenüber?

Ist sie dort auch so zu dir, wie du es aus dem Chat gewohnt bist? Ist sie genauso liebevoll, wie sie es mit ihren Herzchen ist? Und zeigt sie genauso viel Interesse? Wenn ja, kannst du dich entspannt zurücklehnen. Wenn nicht, verstehst du hoffentlich das Problem mit den Herzchen: Es werden Emotionen geweckt, die nicht echt sind, es wird sich in diese Gefühlsduselei reingesteigert, eine Abhängigkeit und Sucht entsteht, ohne dass überhaupt noch ein wirkliches Gespräch stattfindet. Ein völlig falscher Fokus entsteht: Denn es geht nicht um irgendwelche süßen Nachrichten, sondern *(wie du bereits weißt)* um die Treffen. Emojis sind einfach nur digitale Symbole. Entscheidend sind reale Emotionen – und die gibt es nur, wenn ihr euch seht. Verliere durch so einen Blödsinn nicht euer Kennenlernen aus den Augen!

Und ganz wichtig: Verstell dich nicht für das Mädel! Nur weil sie mal anfängt, ein Herzchen an eine Nachricht zu hängen, musst du das nicht auch gleich machen. Emojis verlieren ihre Bedeutung, sobald du sie übertrieben häufig einsetzt.

Deshalb gilt hierbei:
Zerbreche dir nicht den Kopf darüber, was irgendwelche Emojis *(oder das Fehlen dieser)* zu bedeuten haben. Achte stattdessen darauf, wie sie sich in deiner Nähe verhält, wenn ihr euch verabredet habt. Beurteile ihr Verhalten, nicht ihre Worte (oder ihre Emojis).

Herzen in eurem Chatverlauf sind an sich natürlich kein schlechtes Zeichen. So lange sie nur vereinzelt auftreten und der Chat nicht voll damit ist. Emojis sollten immer nur bewusst und gezielt eingesetzt werden, nicht inflationär. Ansonsten ist die emotionale Erwartung beim Treffen zu groß. Wenn diese Erwartungen dann nicht erfüllt werden, kann das sehr wehtun – für beide Seiten.

#49: Ich mag es mit ihr zu schreiben und schreibe deshalb immer sehr viel. Ist das gut?

Er tippt und tippt, bis die Anziehung kippt – das ist das Ergebnis von ständiger Schreiberei. Um deine Frage also zu beantworten: Nein, gar nicht gut, weil du wieder das Wesentliche aus den Augen verlierst: Ein Treffen auszumachen.

Du sorgst dafür, dass ihr euch an das Schreiben gewöhnt, dass es zum Normalfall wird. Dadurch verringerst du die Chance auf ein Treffen. Denn je mehr, je länger und je intensiver ihr am Tippen seid, desto weniger Anreiz schaffst du für ein Treffen. Kurz: Ihr steckt beide bis zum Hals in eurer Komfortzone fest.

Dadurch verpassen viele Kerle den Zeitpunkt für einen Date-Vorschlag, weil sie dieses schöne warme Gefühl mit ihr zu schreiben in ihrem Inneren nicht verlieren möchten. Die Angst davor, beim Date zu versagen und plötzlich keinen Kontakt mehr zum Mädel zu haben, wird zu groß. Sie sind auf dem besten Wege, eine platonische Brieffreundin zu finden.

Das noch größere Problem dabei ist das Bild, das du ihr von dir vermittelst: Du bist ständig verfügbar, rund um die Uhr, und nimmst dir sogar Zeit ewig lange Romane zu schreiben. Du zeigst ihr unmissverständlich, dass du gerade nichts Besseres zu tun hast, als mit ihr zu schreiben, und somit kein eigenes Leben hast. Ein Typ mit Hobbys, mit einem sozialen Umfeld, der Pläne und Ziele im Leben hat, hätte diese Zeit nicht.

Er würde nicht sofort springen, sobald sein Handy vibriert, weil es eine wichtigere Priorität gibt: Das eigene Leben.

Regel: Euer gegenseitiger Invest sollte sich immer die Waage halten. Wenn sie in der Regel weniger schreibt als du, dann investierst du zu viel in sie. Hör auf damit! Allzu oft endet das Ganze in einer *„Ich habe ihr so viel Zeit geopfert und tagelang ging das auch gut. Nun aber hat sie auf einmal keine Zeit mehr für ein Treffen"*-Situation. Das Ergebnis: Sie verliert das Interesse, weil du sie durch deine Romane unter Druck setzt. Lerne also, dich kurzzufassen, und achte darauf, dass deine Nachrichten nicht deutlich länger sind als ihre. In der Regel ist weniger mehr.

WhatsApp & Co. sollten dir nur dazu dienen, ein Date auszumachen,
damit das richtige Kennenlernen in der Realität stattfinden kann!

#50: Wann sollte ich ihr zurückschreiben, wenn sie mir schreibt?

Immer dann, wenn es ein passender Zeitpunkt ist – wäre die kurze Antwort.

Hierbei wirst du aber Gefahr laufen, ihr sofort zu schreiben, sobald sie sich meldet. Du würdest wie ein Hund springen, dem man ein bisschen Aufmerksamkeit schenkt. Bedeutet: Antwortest du sofort, zeigst du ihr nur, dass du schlicht und ergreifend nichts Besseres zu tun hast, als am Smartphone zu hängen und darauf zu warten, dass sie dir schreibt. Das kommt unglaublich bedürftig rüber und vermittelt folgendes Bild bei ihr: *Ich bin ein Typ, der dich sofort zur Nummer 1 macht, obwohl wir nicht mal das erste Date hatten. Mein Leben ist so langweilig, dass ich den ganzen Tag auf mein Handy starre und darauf warte, dass du mir schreibst.*

Klingt nicht so cool, was? Merke dir: Ein wahrer Mann hat eine Mission im Leben und lässt sich nicht gleich von den kleinsten Ablenkungen unterbrechen. In der Regel ist er damit beschäftigt, seiner Mission zu folgen oder Dinge zu tun, die ihm Spaß machen.

Daher kann es auch mal 10-20 Minuten oder sogar länger dauern, bevor er auf eine Nachricht antwortet. *Genau dasselbe solltest du auch tun.*

Die Zwickmühle: Was tust du aber, wenn du *noch* nicht zu einem wahren Mann geworden bist, welcher Besseres zu tun hat, als sich Gedanken darüber zu machen, wann er einem Mädel am besten zurückschreiben soll? Dann tust du zumindest so, als wärst du einer. *Fake it till you make it.* Verliere dabei aber niemals dein Ziel aus den Augen: Wirklich ein spannendes Leben zu führen, in dem deine Zeit kostbar ist.

Als Faustregel kannst du dich aber immer daran orientieren, wie schnell sie dir in der Regel antwortet.

- **Sie braucht lange?** Dann brauchst du ebenso lange!
- **Sie ist recht schnell?** Dann darfst du auch so schnell sein – *sofern du nicht gerade etwas anderes zu tun hast!*

#51: Sie schreibt nie zuerst. Was kann ich tun?

Ganz einfach: Schreibe nicht als Erster. ;)

Klingt bescheuert, aber das ist das Hauptproblem. Wenn du immer zuerst schreibst, gibst du ihr auch keine Chance, dich zuerst anzuschreiben. Lerne zu warten und die Füße still zu halten! Auch wenn es mal 2 oder 3 Tage dauern kann, bis sie mal auf die Idee kommt, sich bei dir zu melden. Interesse erzeugst du nicht durch ständige Verfügbarkeit, sondern wenn sie merkt, dass du auch noch ein eigenes Leben hast. Auch sie muss sich Mühe geben und dich genauso erobern. Wenn du der Meinung bist, alles selbst machen zu müssen, dann bist du einfach nur der klassische Nice Guy.

Um in der Zwischenzeit nicht völlig wahnsinnig zu werden, ist es wichtig, nicht zu warten! Das heißt: Beschäftige dich mit anderen *(wichtigeren)* Dingen in deinem Leben und zähle nicht die Stunden, bis sie sich meldet. Hobbys, Sportarten, deine Lieblingsmusik, Freunde treffen, was auch immer. Wenn dein Leben leer und langweilig ist, hast du bereits deine erste Aufgabe. Ändere es!

Ihr einfach mal nicht zu schreiben, hat in der Kennenlernphase einen weiteren praktischen Vorteil: Du findest heraus, wie interessiert sie ist. Wenn sie wirklich Interesse an dir hat, dann wird sie sich auch bei dir melden. Meldet sie sich z. B. nach 1-2 Wochen immer noch nicht, dann sei ihr dankbar: Denn dadurch sparst du viel Zeit. Kommt von ihr nichts mehr, ist das ein klares Zeichen für Desinteresse.

Nein, es hat auch nichts mit ihrer Schüchternheit zu tun! Sie weiß dich als Menschen nicht zu schätzen und ist nicht bereit, in euer Kennenlernen zu investieren. Sie ist es also nicht wert, Teil deines Lebens zu sein. Hör auf, solchen Mädels nachzutrauern, stattdessen leb in der Zwischenzeit dein Leben weiter und lerne ein neues Mädel kennen – eines, welches *wirklich* interessiert an dir ist.

#52: Wie wirke ich beim Schreiben attraktiv?

Schreiben funktioniert ähnlich wie der persönliche Flirt, hat aber einen entscheidenden Unterschied: Du musst noch stärker darauf achten, keiner dieser langweiligen 0815-Typen zu sein:

- Texte sie nicht ständig zu (vor allem nicht mit zigtausend Fragen darüber, wie es ihr geht oder wie ihr Tag war).
- Sei kein Arschkriecher, der das Mädel auf ein Podest stellt.
- Überschütte sie nicht mit Komplimenten, in der Hoffnung, sie somit rumzukriegen.
- Schreibe (vor allem zu Beginn des Kennenlernens) keine zu emotionalen oder romantischen Nachrichten.
- Zeig ihr, dass du weißt, was du willst, indem du schon nach kurzer Zeit ein Treffen mit ihr ausmachst.

Das Wichtigste: Sei kreativ. Kreatives Schreiben ist der Heilige Gral beim Flirten im Chat. Wenn du das beherrschst, ziehst du die Mädels in deinen Bann. Denn langweilige Smalltalk-Chats haben die Mädels zur Genüge. Spannend sind die, die mal etwas anderes schreiben und aus der Reihe tanzen. Merke dir also: Kein langweiliges Blabla!

Das bedeutet auch: Sei nicht zu übervorsichtig! Hau auch mal freche Sprüche raus oder zieh sie ein wenig auf *(was aber nicht bedeuten soll, dass du auf eine verletzende Art und Weise beleidigend wirst!)*. Schreiben mit dir sollte ihr immer Spaß machen – vermittle diesen Spaß.

Sei dabei kreativ, frech, baue Rollenspiele ein, erzeuge Kopfkino bei ihr, skurrile und unterhaltsame Gespräche, verschaffe ihr ein Lächeln und verliere dabei (*du kennst es bereits*) eines niemals aus den Augen: Ein Treffen auszumachen!

Versinke also nicht in der Schreiberei. Ein witziges Gespräch am Abend ist gut. Wenn du sie aber von morgens bis abends zubombardierst, ist das einfach too much. Typen, die nur schreiben wollen, sind totale Langweiler und es fehlt ihnen der Mut zum wirklichen Kennenlernen. Der Mut für ein Date!

#53: Worüber können wir schreiben?

Gespräche beginnen immer mit Smalltalk und gewinnen erst mit der Zeit an Tiefe. Mit Tiefe wirst du Vertrauen aufbauen können, eine wichtige Sache, damit eine enge Verbindung zwischen euch entstehen kann.

Fangen wir mit dem Smalltalk an: Hier kannst du immer das Erstbeste sagen, was dir einfällt. Smalltalk ist nur ein oberflächliches Gespräch und dient dazu, das Eis zu brechen und überhaupt ein Gespräch entstehen zu lassen. Das Wetter, die Leute um euch herum, der Ort, ihre Reaktion oder ein Kommentar: Du kannst alles Mögliche für Smalltalk nutzen.

Mit der Zeit sollte das Gespräche an Tiefe gewinnen: Eine wichtige Sache hierbei ist, positive Gesprächsthemen anzusprechen und negative, zumindest zu Beginn, komplett wegzulassen. Immerhin will sie sich in deiner Nähe glücklich fühlen und Spaß haben und nicht das Gefühl bekommen, dich zu therapieren bzw. deine emotionale Müllhalde zu sein. Negativität führt außerdem immer zu einer emotionalen Abhängigkeit durch Traurigkeit. Beziehungen, die du meiden solltest, weil sie dich auf Dauer nicht glücklich machen.

Beispiele für positive Gesprächsthemen:

- Letzte oder bevorstehende Urlaube
- Spannende Aktivitäten und Erlebnisse
- Familie & Freunde
- Hobbys & Leidenschaften
- Kindheit
- Zukunftspläne
- Haustiere

Sprecht über die Dinge, die ihr liebt, die euch begeistern und für die ihr brennt.

Beispiele für negative Gesprächsthemen:

- Tod & Trauer
- Misserfolge
- Einsamkeit
- Unentschlossenheit/Selbstzweifel
- Politik
- Krieg
- Ex-Freunde
- Beziehungsprobleme

Vermeidet unglückliche Themen und Themen, über die man zu viel streiten und diskutieren kann.

#54: Wie frage ich nach einem Date beim Schreiben?

Grundsätzlich kannst du jedes Thema, über das ihr schreibt, auf das Thema „Date" lenken. Frage dabei niemals direkt und wörtlich nach einem Date. Ihr trefft euch, nicht mehr. Alles andere erzeugt bei ihr zu viel Druck. Formuliere deshalb immer eine lockere Aussage – mit konkretem Ort, Uhrzeit und eurer Aktivität

Beispiel einer Aussage:
„...da solltest du mir mehr drüber erzählen. Lass uns doch am Freitag um 18 Uhr in Köln was trinken gehen. Die Bar XY am Rudolfplatz soll gut sein!"

Sie weiß, wo ihr euch trefft, wann ihr euch trefft und was ihr macht. Jetzt muss sie sich auch keinen Kopf mehr zerbrechen, was sie anziehen muss. Denn Mädels wollen wissen, was auf sie zukommt. Standardfragen wie „Wollen wir uns mal treffen?" vermitteln nur Unsicherheit und dass du keine konkreten Entscheidungen fällen kannst. Mit Aussagen machst du das Date zur Selbstverständlichkeit, ohne euer Treffen überhaupt infrage zu stellen. Du nimmst ihr die Entscheidung also ab – das ist sehr zuvorkommend von dir.

Merke dir: In ihr sollte das Gefühl entstehen *„Wow, der Kerl weiß genau, was er will und übernimmt die Führung. Klasse, dann brauche ich weniger darüber nachzudenken und zu planen. Stattdessen muss ich nur noch schauen, dass ich was zum Anziehen finde, das ihn umhauen wird :)".*

Zusammenfassung:

1. Frage nicht, sondern formuliere *Aussagen*!
2. Gib *Ort, Uhrzeit* und die *Aktivität/Location* an.
3. Vermeide das Wort „Date".
4. Zeig ihr, dass du ein Mann bist, der weiß, was er will und der die Führung übernimmt.

#55: Wie geht es nach dem Anschreiben weiter?

Das Texten ist, wie du bereits weißt, nur ein Mittel zum Zweck. Dein Ziel ist das Date mit ihr! Quatsche also nicht lange um den heißen Brei herum und versuche, so schnell wie möglich ein Treffen zu vereinbaren.

Schreibe ein paar Nachrichten mit ihr, um Vertrauen aufzubauen und das Eis erneut zu brechen. Dann leite das Gespräch in Richtung Date. So etwas geht problemlos auch schon nach wenigen Nachrichten.

Verliere dich also nicht im Schreiben. Schreiben ist gut, aber nicht das Wichtigste beim Kennenlernen. Ansonsten schreibt ihr wochenlang und habt euch immer noch nicht getroffen.

Um dir das Leben ein wenig zu vereinfachen, und damit du dir nicht andauernd die Frage stellen musst „Wie viele Nachrichten soll ich denn nun schreiben, bevor ich ein Date vorschlage?“, hier eine kleine Herausforderung:

Praxis-Übung:
Benutze nicht mehr als 10 Nachrichten von deiner Seite aus, um ein Treffen mit ihr zu vereinbaren. Wähle deine Worte also sorgfältig, habe einen Plan und ein Ziel vor Augen: Das Date.

Anstatt sinnlos mit ihr über Gott und die Welt zu schreiben, wie ihr Tag war und was sie so macht, wirst du durch diese Übung auch lernen, deine Denkmuskeln anzustrengen und zielgerichtet zu schreiben.

Je besser du darin wirst, desto eher wirst du feststellen, dass ein Date-Vorschlag auch schon problemlos nach 4 bis 5 Nachrichten kommen kann. Es gilt: Besser zu früh als zu spät. Denn auch so zeigst du, dass du weißt, was du willst.

#56: Wie kann ich mit einem Mädchen telefonieren?

Telefonieren hat mit Sicherheit viele Vorteile, wie z. B. Emotionen, die durch deine Stimme besser und deutlicher vermittelt werden können, als über das Schreiben. Zudem kannst du deutlich mehr in 10 Minuten mit einem Mädel besprechen, als du in 10 Minuten per Chat hinbekommst.

Du musst aber der Typ dafür sein. Wir leben in einer Zeit, in der immer weniger telefoniert wird. Auch viele Mädels haben da keinen Bock drauf – was dich aber nicht davon abhalten soll, wenn DU es willst. Und natürlich leben da draußen noch genug Frauen, die tatsächlich lieber telefonieren als zu schreiben. Ein Telefonat solltest du in der Regel so angehen wie einen Date-Vorschlag – durch eine Aussage.

Beispiel Aussage:
„...da hast du ja eine Menge in deinem Urlaub erlebt. Lass uns doch heute Abend mal telefonieren, dann kannst du mir mehr erzählen. Ich hätte ab 19 Uhr Zeit."

Pro-Tipp: Du musst allerdings ein Telefonat nicht immer wie einen Date-Vorschlag regeln. Falls ihr gerade im Sekunden-/Minutentakt miteinander schreibt und sie währenddessen permanent online ist, kannst du sie auch einfach mittendrin anrufen und sie damit überraschen. Wenn sie jetzt nicht ran geht, dann würde sie sich ziemlich dämlich vorkommen. Immerhin ist ihr bewusst, dass du weißt, dass sie online ist. Und wer Zeit zum Schreiben hat, hat auch Zeit zum Telefonieren.

Eine weitere Möglichkeit, um euer Kennenlernen auf die nächste Stufe zu bringen, sind Sprachnachrichten. Sie sind für viele Mädels weniger ein Problem, als ein Telefonat.

Vorteile von Sprachnachrichten:

- Du kannst dir in Ruhe überlegen, was du erzählst *(umgekehrt genauso).*
- Sprachnachrichten sind entspannter, weil kein direktes Gespräch stattfindet.
- Du vermittelst mit deiner Stimme immer 1.000 x mehr Emotionen, als durch das Schreiben. Dadurch kann eine bessere Verbindung zwischen euch entstehen.

Kapitel 4:
Fragen zum Verhalten

#57: Sie lächelt mich an. Hat das etwas zu bedeuten?

Gerne wird das als das *ultimative Interessenzeichen* verkauft. Ich will dir die Wahrheit verraten: Es ist ein gutes Zeichen – nicht mehr, nicht weniger.

Wenn sie dich von Weitem anlächelt, ohne dass ihr vorher miteinander gesprochen habt, nimm es als Einladung, um sie anzusprechen. Genauso, wenn sie dich nicht anlächelt. Kurz: Sprich sie einfach an, wenn sie dir gefällt, und warte nicht auf irgendwelche göttlichen Zeichen. Wer wartet, verliert.

Interpretiere also nicht zu viel hinein *(bzw. erwarte nicht automatisch, dass sie dir zu Füßen fallen wird, nur weil sie dich angelächelt hat).* Was ihr Lächeln wirklich bedeutet, findest du nämlich nur heraus, wenn du sie ansprichst. Also just do it! ;)

Ein Lächeln ist auf jeden Fall kein negatives Zeichen. Denn es zeigt, dass sie aufgeschlossen, freundlich und positiv eingestellt ist – eine gute Voraussetzung, um einen coolen Menschen kennenzulernen.

Im persönlichen Gespräch oder beim Date sieht das mit dem Lächeln schon wieder anders aus. Macht sie es häufig, weißt du: Gutes Zeichen! Denn wer lächelt, hat Spaß. Und Spaß sollte euer Kennenlernen immer machen. Außerdem zeigt es, dass du ihr nicht völlig unsympathisch bist. Ansonsten würde sie dich nicht ständig wie ein Honigkuchenpferd anstrahlen.

Egal, was ein Lächeln letztendlich wirklich bedeutet: Du solltest immer vom besten Fall ausgehen. Und der bedeutet: Sie steht auf dich.

#58: Woran erkenne ich, dass sie Interesse hat?

Hierbei spielen viele Faktoren eine Rolle. Je mehr der folgenden Punkte sich erkennen lassen, desto höher ist die Wahrscheinlichkeit, dass sie Interesse an dir hat. Interesse – nicht, dass sie gleich unsterblich in dich verliebt ist. ;-)

In der folgenden Liste findest du die wichtigsten Interessenssignale, beginnend mit den offensichtlichsten:

1. **Sie sucht deine Nähe bzw. will Zeit mit dir verbringen**
   (z. B. stellt sie sich immer neben dich oder bringt von sich aus Date-Vorschläge. Interesse ist immer damit verbunden, dass man sich Zeit für jemanden nimmt und in seiner Nähe sein will)
2. **Sie sucht körperliche Nähe**
   (z. B. berührt sie dich häufig während des Gesprächs, wärmt sich bei dir, weil ihr kalt ist, oder boxt dir auf den Arm oder die Schulter, sobald du einen frechen Spruch bringst)
3. **Sie stellt dir Gegenfragen und versucht, dich näher kennenzulernen**
   (z. B. durch das Erfragen deines Alters, Wohnorts, deiner Interessen oder deines Beziehungsstatus. Je mehr sie dich löchert, desto besser)
4. **Sie schaut immer mal wieder zu dir rüber oder hält sogar des Öfteren längeren Augenkontakt mit dir**
   (z. B. schaut sie dich ständig in der Klasse an oder blickt dir bei kurzen Gesprächen intensiv in die Augen. Je intensiver und länger, desto besser)
5. **Sie schreibt dir von sich aus als erste Nachrichten**
   (oder versucht sonst irgendwie mit dir in Kontakt zu treten)
6. **Sie lacht über deine „dummen" Witze**
   (Humor ist die wichtigste Basis, damit es zwischen euch harmonieren kann)

Wenn du mehr als zwei dieser Signale bei ihr feststellst, dann hat sie mit Sicherheit Interesse an dir. Wenn du sie also noch nicht angesprochen hast, wäre spätestens jetzt ein guter Zeitpunkt dafür. Falls ihr schon miteinander redet, dann zieh einfach weiter dein Ding durch – du bist auf dem richtigen Weg.

Denke daran: Du musst sie jedes Mal aufs Neue verführen. Interesse kann sich ändern. Ruh dich nicht auf deinen Lorbeeren aus!

#59: Woran erkenne ich, dass sie KEIN Interesse hat?

Zu erkennen, dass sie KEIN Interesse hat, ist viel wichtiger, als zu erkennen, dass sie Interesse hat. Es gibt nichts Schlimmeres, als Minuten oder sogar Stunden damit verbracht zu haben, mit einem Mädel zu sprechen (oder zu schreiben), nur um dann zu merken, dass alles für die Katz war und sie von vornherein nicht interessiert war. Und sie womöglich nur aus Höflichkeit geantwortet hat. Oder, weil sie gerade einen Animateur gebraucht hat, der ihr ein wenig die Zeit vertreibt...

Lerne deshalb, Desinteresse zu erkennen und Mädels schnell zu selektieren, wenn nichts zurückkommt. Die Vorstellung, ein Mädel erobern zu können, ist ein Mythos. Entweder, sie hat Bock auf dich – oder eben nicht.

Gibt sie dir direkt einen Korb, indem sie z. B. sagt *„Ich habe kein Interesse"*, dann akzeptiere das auch und verschwende keine weitere Sekunde mehr mit ihr. Wünsche ihr noch einen schönen Tag/Abend und siehe zu, dass du ein neues Mädel kennenlernst. Manche Frauen sind da aber subtiler oder schlicht und ergreifend zu *„freundlich"* für solch eine Aussage. Hierfür solltest du auf weitere Signale achten.

Deutliches Desinteresse zeigt sich häufig durch folgende Signale:

- Sie sagt Treffen ab oder geht nicht drauf ein.
- Sie redet lieber mit anderen oder ignoriert dich.
- Sie antwortet über längere Zeit nicht oder nur sehr kurz und emotionslos.
- Sie blockt Körperkontakt ab.
- Sie stellt keine Gegenfragen.
- Sie erzählt dir von anderen Typen, die sie toll findet.
- Sie blockiert dich (z. B. bei WhatsApp).

Wichtige Regel:
Wenn du den Satz *„Ich habe keine Zeit" von ihr bekommst, dann bedeutet das so viel wie „Du bist mir nicht wichtig genug, um Zeit mit dir zu verbringen".* Wenn sie wirklich Interesse an dir hat, wird sie sich auch Zeit für dich nehmen. Jeder von uns muss im Leben Prioritäten setzen. Bist du ihre letzte Priorität, solltest du sie nicht zu deiner Ersten machen. Merke dir also: Es gibt kein „Ich habe keine Zeit", es gibt nur ein *„Du bist mir nicht wichtig genug".*

#60: Sie hat kein Interesse. Was tun?

Interesse kann man nicht erzwingen. Wenn sie von vornherein kein Interesse hat, oder es von heute auf morgen verliert, dann ist das völlig in Ordnung. Lerne das zu akzeptieren! Renne ihr in solch einem Fall nicht hinterher. Schreibe ihr auf keinen Fall Dutzende von Nachrichten. Versuche nicht, die Situation *klären zu wollen*. Das ist Bullshit. Du wirst keine zufriedenstellende Antwort bekommen – egal, wie viele offene Fragen du noch hast.

Interesse basiert immer auf emotionalen Entscheidungen, nicht auf rationalen! Mit ihr auf einer rationalen Ebene darüber zu sprechen, warum sie plötzlich keinen Bock mehr auf dich hat, ist Zeitverschwendung. Einen Fehler, den viele Kerle gerne machen, weil wir Männer verstärkt rational denken. Das ist auch der Grund, warum Männer keine Frauen verstehen und Frauen keine Männer. Männer funktionieren rational, Frauen emotional. Wenn du diesen Grundsatz einmal verstanden hast und beim Dating berücksichtigst, dann wirst du auch lernen, dass Frauen gar nicht so kompliziert sind.

Was du also **nicht tun** solltest:

- Mit ihr darüber zu diskutieren.
- Ihr hinterherzurennen.

Was du stattdessen **tun** solltest:

- Ihren Korb akzeptieren und sie abhaken.
- Kontakt vollständig abbrechen.
- Zeit und Energie in das Kennenlernen neuer Mädels investieren!

Power-Glaubenssatz: Hätte sie ihre Chance genutzt, dann wäre sie jetzt glücklicher mit dir, als sie es mit einem anderen sein kann. *Es ist nicht dein Verlust, sondern ihrer!* Du bist ein wertvoller Typ und deine Zeit ist kostbar. Wenn sie das nicht zu schätzen weiß, ist es ihr Pech, nicht deins.

#61: Ich habe einen Korb bekommen! Was tun?

Akzeptiere *„Körbe"*, denn sie gehören zum Flirten dazu! Versuche nicht, dir Argumente einfallen zu lassen, um sie am Ende doch noch irgendwie von dir zu überzeugen *(siehe Frage #60)*. Du musst niemandem etwas beweisen. Die Tatsache, dass du es *überhaupt versucht hast*, ist bereits Erfolg genug! Nur wenige Männer hätten den Mut dazu, eine völlig fremde Frau anzusprechen. Sei stolz auf dich!

Wenn du einen Korb bekommst, solltest du dir stets denken:
„Ihr Pech, wenn sie mich nicht kennenlernen will. Ich habe es versucht, und das ist ALLES, was zählt. Ich habe meinen Mann gestanden und meine Angst vor Ablehnung überwunden. Nichts daran bereue ich!"

Immerhin bist du ein cooler Typ und derjenige, der ihr eine Chance gegeben hat – nicht umgekehrt! Eigentlich solltest du dich sogar über den „Korb" freuen. Ja, freue dich darüber, dass sie dich abgelehnt hat! Dir wurde somit gezeigt, dass sie die falsche Person für dich ist und du hast dir somit viel Zeit gespart. Diese Zeit kannst du jetzt in Mädels investieren, die deine Aufmerksamkeit zu schätzen wissen.

Verstehe außerdem, dass Körbe auf dem Weg zum Erfolg dazugehören. Du kriegst genauso Körbe, wie ich auch. Niemand hat eine 100%ige Erfolgsquote. Aber mit jedem Versuch erhöhst du deine Chance auf Erfolg. Wer nämlich keine Fehler macht, der riskiert auch nichts. Und wer nichts riskiert, der macht keine Fortschritte.

Lass dich von *„Körben"* also nicht entmutigen und versuche es einfach immer weiter bei anderen Mädels. Nach einiger Zeit wirst du ein Mädel kennenlernen, bei dem du dir denken wirst:
„Die ganzen Körbe vor ihr waren es wert. Jetzt bin ich genau bei dem Mädel gelandet, bei dem ich sein will!"

Tipp: Je gelassener du auf Körbe reagierst, desto interessanter wirst du für das Mädel. Typen, die sich von einem Korb runterziehen lassen, geben dem Mädel nur noch mehr Bestätigung und rennen ihr weiter hinterher. Juckt dich der Korb nicht, fragt sie sich vielleicht *„Warum stört es ihn nicht? Er fand mich doch bis gerade eben noch so toll? Er scheint wohl genug Auswahl zu haben."* – und zack, bist du plötzlich wieder interessant.

#62: Ihre Freundin mag mich nicht. Was kann ich tun?

Ok, das ist echt eine schlechte Voraussetzung. Denn, mögen dich ihre Freunde nicht, bist du auch bei ihr schnell unten durch. Freunde haben einen enormen Einfluss auf unsere Entscheidungen. Mag dich ihre beste Freundin nicht, wird sie auch jede Gelegenheit nutzen, um dich bei deinem Schwarm schlecht zu reden.

Wichtig ist also, dass du dir schon im Vorfeld Zeit für ihre Freunde nimmst, und nicht die Egonummer abziehst und nur Augen für deinen Schwarm hast. Sorge also dafür, dass ihre Freunde dich besser kennenlernen. Ignoriere sie auf keinen Fall, nur um ungestört mit deinem Mädel zu quatschen. Rede auch mit ihren Freunden, beziehe sie ab und an mit ins Gespräch ein, und mit der Zeit wirst du von ganz allein Vertrauen aufbauen – und vielleicht entstehen sogar neue Freundschaften.

Wichtig ist aber: Interessiere dich WIRKLICH für ihre Freunde (bzw. generell für andere Menschen). Machst du das nur, um bei ihr zu landen, merken ihre Freunde das – und sie auch.

So punktest du bei ihren Freunden:

1. Binde die Freundin/Freunde in Zukunft mit ins Gespräch ein und lasse sie früher oder später über sich selbst erzählen! Menschen lieben es, von sich selbst zu erzählen. So wirkst du gleich viel sympathischer, weil du dich für sie interessierst.
2. Interessiere dich wirklich für sie, versuche Gemeinsamkeiten zu finden und gib ihnen die Chance, vielleicht auch neue Freunde von dir zu werden.
3. Sprich ihre Freunde öfter mit dem Vornamen an. So entsteht leichter eine vertraute Verbindung zwischen euch. Und Menschen lieben es ihren eigenen Namen zu hören.
4. Zeige den Freunden durch dein Verhalten, dass du das Mädel, an dem du Interesse hast, gut behandelst und sie bei dir somit gut aufgehoben ist.

Wichtig dabei: Bleibe trotzdem immer authentisch bei dem Ganzen. Sei nicht *übertrieben* nett zu ihrer Freundin oder anderen Freunden. Sympathie entsteht nicht durch Arschkriecherei.

Kapitel 5:
Fragen zum Dating

#63: Woher weiß ich, ob es ein Date oder ein freundschaftliches Treffen ist?

Diese Frage ist überflüssig. Denn es ist immer dann ein Date, wenn es für DICH ein Date ist. Ein Date muss vorher nicht wörtlich „Date“ genannt werden, es kann (und sollte) auch einfach nur ein Treffen sein – das nimmt bei dem Mädel Druck und senkt die Erwartungshaltung.

> **Egal, wie sie das Treffen bezeichnet, es gilt:**
> *Du machst es zum Date, indem du sie verführst!*

Ob es ein rein *„freundschaftliches Zusammenkommen“* wird oder ein *Date* mit dem Ziel, sich intim und emotional näherzukommen, entscheidest am Ende du. Wenn du sie nicht verführst, dann wird es automatisch zu einem Freundschaftsding. Wenn du ihr aber z. B. unterschwellig und auch verbal zeigst, dass du auf sie stehst, mit ihr flirtest und gezielt Körperkontakt aufbaust, dann wird es automatisch zu einem Date. Entscheidend im Leben ist immer, was DU daraus machst.

Es liegt also in deiner Hand, wie euer Treffen am Ende ausgeht. In deinem Leben wirst du nur wenige Frauen kennenlernen, die bei der Verführung die Oberhand übernehmen. Die meisten Frauen wollen verführt werden und nicht selbst die Verführer sein. Bei Männern, die sich solch eine Frage stellen, sieht der Ausgangsgedanke aber meist wie folgt aus: *„Hat sie Interesse an mir, oder ist sie nur freundlich bzw. sucht ein wenig Gesellschaft (auf freundschaftlicher Basis)?“*

Um diese Frage zu beantworten, musst du als Mann unbedingt lernen, wann positive Reaktionen auf Interesse beruhen und wann auf reiner Freundlichkeit. *Schaue dir dafür noch einmal die Fragen und Antworten im 4. Kapitel an.* Auch hier gilt aber: Interesse findest du nur heraus, wenn du es probierst. Wenn du sie ansprichst, sie datest und verführst.

#64: Ich habe sie nach einem Date gefragt, sie hat aber keine Zeit. Was tun?

Verfalle nicht gleich in Panik. Dass ein Mädel *„keine Zeit"* hat, kann vorkommen. Immerhin hat sie auch noch ein eigenes Leben – und das ist gut so.

Trotzdem kann das häufig auch nur eine Ausrede dafür sein, dass sie kein Interesse an dir hat. *(Erinnere dich an Frage #59: Es gibt kein Ich-habe-keine-Zeit, nur ein Du-bist-mir-nicht-wichtig-genug).*

Ob sie wirklich keine Zeit hat, oder einfach kein Interesse an dir, erkennst du daran, ob sie auf ihre Absage einen Gegenvorschlag macht oder nicht. Sollte sie dir nicht automatisch einen Gegenvorschlag machen, versuche, noch ein allerletztes Mal selbst einen Gegenvorschlag zu machen. Wenn danach immer noch nichts von ihrer Seite kommt (egal was ihre Ausrede ist!), dann hake die Sache ab. Du hast mehr als genug investiert und sie hatte ihre Chance. Frage auf keinen Fall noch einmal nach einem Date – nutze deine Zeit sinnvoller!

Nach einer Absage ist sie am Zug. Wenn sie wirklich an dir interessiert ist, wird sie auch auf dich zukommen. Ansonsten frage dich, ob du auf so ein Prinzesschen wirklich Lust hast. Auf jemanden, dem du alles aus der Nase ziehen musst und die dir dann nicht einmal den Respekt entgegenbringt, einen Gegenvorschlag zu machen. Du kannst es drehen und wenden wie du willst: Von diesem Typ Mädel solltest du Abstand nehmen. Oder willst du wirklich ein Treffen mit einer haben, die du zum Date *überreden* musstest? So verzweifelt solltest du niemals sein.

Denke immer dran: Deine Zeit ist kostbar – und wenn es nur die paar Sekunden sind, in denen du eine Nachricht bei WhatsApp eintippst. Behalte dir deinen Stolz und verkaufe dich nicht unter Wert, indem du sie nach solch einem Verhalten mit noch mehr Aufmerksamkeit belohnst.

Es ist okay, wenn sie keine Zeit oder Lust für ein Treffen hat. Dann hake es aber auch ab und triff dich mit einem anderen Mädel. Einem Mädel, welches WIRKLICH Interesse an dir hat und sich auch die Zeit für dich nimmt.

#65: Sie hat das Date kurz vorher abgesagt. Was tun?

Keine Sorge, das passiert den besten unter uns. Es gibt keinen (aktiven) Mann, der solch eine Situation nicht schon einmal erlebt hat.

Das Problem: In der Regel ist es ein sehr schlechtes Zeichen. Natürlich gibt es Ausnahmen. Wenn sie wirklich gute Gründe für ihre Absage hat *(z. B. ein Notfall in der Familie)*, dann solltest du ihr das auch nicht übel nehmen. Solange sie mit sozialer Intelligenz reagiert, dir nach einiger Zeit einen Gegenvorschlag macht und sich womöglich sogar entschuldigt. Sagt sie aber nur ab, weil sie sich „gerade nicht so gut fühlt“, sie sich „doch lieber mit ihrer Freundin trifft“ oder plötzlich im Fitnessstudio rumhängt, sollten bei dir sämtliche Alarmglocken läuten.

Jetzt ist deine Reaktion entscheidend. Du hast zwei Optionen:

Option 1: Abwärtsspirale (↓)

1. Du benimmst dich total angepisst *(bist sauer und wütend).*
2. Du bombst sie mit Nachrichten zu.
3. Sie antwortet nicht. Was dich nur noch wütender oder inzwischen sogar traurig macht.
4. Du denkst, es ist deine Schuld *(„Sie hat keinen Bock auf mich, ich bin scheiße, ich bin dies und jenes.“).*
5. Du gehst frustriert und allein nach Hause *(falls du schon am Treffpunkt warst)*. Oder du gehst gar nicht mehr raus an diesem Tag.

Option 2: Aufwärtsspirale (↑)

1. Du bleibst entspannt und akzeptierst die Situation.
2. Du wartest auf einen Gegenvorschlag von ihr und fährst deinen Invest auf ein Minimum runter.
3. Macht sie einen Gegenvorschlag, ist alles cool.
4. Macht sie keinen: Hake sie ab und sorge dafür, dass du trotzdem noch einen tollen Abend hast. Du könntest mit deinen Freunden um die Häuser ziehen und neue Mädels kennenlernen. Oder vielleicht hat ja sogar Lisa (oder hieß sie Lena?) spontan Zeit? ;-)

#66: Was ist ein guter Ort für ein erstes Date?

Zunächst solltest du sämtliche Vorstellungen, die du aus Hollywood-Filmen kennst, über Bord werfen. Es sind Filme. Dates in der Realität können weitaus lockerer und unromantischer sein. Denn entscheidend für ein erfolgreiches Date bist DU, nicht die Location.

Ein guter Ort für das erste Date sollte trotzdem immer zwei Kriterien erfüllen:

1. Ihr könnt euch dort unterhalten.
2. Ihr könnt Körperkontakt aufbauen.

Eine laute Tanzfläche in der Disco, ein stiller Kinosaal oder ein 6-Sterne-Restaurant, bei dem man sich wie im Vorstellungsgespräch gegenübersitzt, eignen sich deshalb nicht.

Beispiele für gute Orte:

- Ein lockeres Café.
- Eine stylische Bar (vielleicht sogar mit Billard?).
- Ein öffentlicher Park, Strand oder See.
- Die Kirmes oder ein Freizeitpark.

Beispiele für schlechte Orte:

- Kino (zu still, keine durchgehende Unterhaltung möglich).
- Ins Restaurant essen gehen (wo man einen vollen Mund hat und sich gegenübersitzt).
- Schwimmbad (in der Regel zu viel nackte Haut für das erste Date).
- Club/Disco (zu laut, um eure Gespräche zu vertiefen).

Privat oder öffentlich? Direkt bei ihr oder bei dir zu Hause das erste Date zu haben, ist für viele Mädels ein klein wenig zu viel verlangt. Gerade, wenn du noch nicht so viel Erfahrung beim Flirten hast. Für den Anfang solltest du dich besser an öffentlichen Orten treffen – das gibt auch dem Mädel ein besseres Gefühl.

#67: Was können wir beim ersten Date machen?

Du musst dir gar nicht den Kopf zerbrechen und den krassesten Plan der Welt haben. Beim ersten Date reichen auch simple Sachen: Spazieren gehen, entspannt was trinken gehen oder einfach nur den schönen Tag gemeinsam genießen. Mach es nicht zu kompliziert. Ein Date dient erstmal nur dazu, euch gegenseitig kennenzulernen und abzuchecken.

Damit euer Date aber auch ein Erfolg wird, ist eines entscheidend: Es sollte Spaß machen! Wenn du sie nur mit langweiligen Fragen löcherst, kaum was erzählst und ihre Mundwinkel mehr nach unten gehen als nach oben, kannst du auch nicht erwarten, dass sie glücklich nach Hause geht. Wir brauchen Emotionen, positive Emotionen! Merke dir: Du solltest ein Mädel immer besser zurücklassen, als du sie vorgefunden hast. Am Ende des Dates sollte sie also mit einem Grinsen nach Hause gehen.

Ein gutes Date besteht aus zwei Phasen. Diese solltest du bei der Wahl deiner Location (und dem, was ihr macht) berücksichtigen:

1. Phase = Aktivität
2. Phase = Chillen

Der Vorteil: Mit einer Aktivität könnt ihr zu Beginn schnell das Eis brechen, beide locker werden und habt allein durch die Aktivität bereits viel Gesprächsstoff. Später in der Chill-Phase kann dann der romantische Teil kommen: Der Kuss.

Beispiele für die Aktivitätsphase:

Konzerte, Stadtfeste, Kirmes, Minigolf, Freizeitpark, Billard, Museum oder zusammen Sport machen.

Beispiele für die Chillphase:

Geht Spazieren, macht ein Picknick, setzt euch ins nächstgelegene Café oder geht zu einem von euch beiden nach Hause (sofern das nötige Vertrauen schon da ist).

Geheimtipp:
Je mehr Locationwechsel ihr habt, desto mehr Vertrauen entsteht. Sie bekommt das Gefühl, dass ihr schon sehr viel miteinander erlebt habt. 2 bis 3 kleinere Ortswechsel innerhalb des Dates sind optimal.

#68: Wie begrüße ich sie beim ersten Date?

Der erste Eindruck zählt. Tritt also locker und selbstbewusst auf. Damit nimmst du automatisch Druck aus der Situation, weil du derjenige sein wirst, der das bekannte „Eis" bricht.

Empfehlenswerte Begrüßung:

- Eine kurze und lockere Umarmung wie unter Freunden.
- Begrüße sie, wenn möglich, mit Spitznamen, der sich vorher *(z. B. im Chat)* ergeben hat oder mit einem anderen Insider.

Optional:

- Falls sie sich in Schale geschmissen hat, kannst du ihr ein kurzes und ehrliches Kompliment machen, wodurch du ihre Anstrengungen lobst *(immerhin hat sie es für dich getan und mit hoher Wahrscheinlichkeit ist sie mindestens genauso aufgeregt wie du).*

Gilt eher zu vermeiden:

- Küsschen links, Küsschen rechts (meist zu viel für den ersten Kontakt).

Komplettes No-Go:

- Hände schütteln. Ihr seid nicht bei einem Vorstellungsgespräch! Viel zu förmlich und distanziert.

Auf dem Weg zum Dating-Ort kannst du zu Beginn simplen Smalltalk starten, wie z. B. *„Wie war der Weg?"*, *„Wo kommst du her?"* oder *„Was hast du heute Spannendes gemacht?"*. Sollte sie zu Beginn noch ein wenig verkrampft oder nervös sein *(bzw. kurze Antworten geben),* dann lockere die Situation weiter auf, indem DU einfach erzählst.

Quatsche drauf los und erzähle, was du heute erlebt hast oder was dir sonst gerade in den Sinn kommt. *Alles, was du zu sagen hast, ist gut genug!*

Pro-Tipp: Sollte nach der Begrüßung über längere Zeit eine Totenstille entstehen, dann sprich es einfach an. Beispielsweise mit *„Normalerweise bin ich gesprächiger, aber gerade bin ich ein klein wenig aufgeregt – haha".* Damit zeigst du soziale Intelligenz und nimmst automatisch den Druck aus der angespannten Situation heraus.

#69: Wie verabschiede ich mich nach dem ersten Date?

Wie du dich am Ende von ihr verabschiedest, hängt stark davon ab, wie das Date gelaufen ist. Dabei werden 3 Kategorien unterteilt.

1. „Gutes" Date: Wenn du viel Körperkontakt während des Dates mit ihr aufbauen konntest und ihr euch sogar geküsst habt, dann kann man von einem guten Date ausgehen.

Als Abschied = **Kuss**

2. „Mittleres" Date: Wenn das Date überwiegend harmonisch verlaufen ist, es sich *„angenehm"* angefühlt hat, und ihr schon ein bisschen Körperkontakt aufgebaut habt, dann war es so ein mittleres Ding.

Als Abschied = **Längere Umarmung oder Kuss**

3. „Schlechtes" Date: Bei dem Date gab es nur wenig Harmonie zwischen euch, keinen Körperkontakt, oft Stille und unangenehme Momente. Du konntest spüren, dass sie nicht wirklich an dir interessiert war? Dann weißt du, dass es sich um das erste und letzte Date gehandelt hat.

Als Abschied = **Lockere Umarmung, wie bei einer Begrüßung**

Bedenke immer: Versuche sie immer WÄHREND des Dates zu küssen, anstatt einen auf Hollywood-Romantiker zu machen und sie erst zum großen Finale (dem Abschied) zu küssen. Das wirkt schnell wie eine verzweifelte Aktion, weil sie weiß, dass es deine letzte Chance ist. Mehr dazu bei Frage #72.

Tipp: Sei immer der, der eine Umarmung oder einen Kuss als erster beendet. Das wirkt weniger bedürftig und erhöht die Chance, dass sie diejenige ist, die nach „mehr" verlangt.

#70: Worüber können wir beim ersten Date reden?

Ein Kennenlernen findet immer etappenweise statt. Geht es also entspannt an, ihr habt Zeit. Hier die ersten 3 Etappen:

Vorneweg: Stelle nicht zu viele Fragen, um den bekannten Interviewmodus zu vermeiden. Erzähle stattdessen auch von dir und deinem Leben! Bevorzuge immer positive (oder neutrale) Themen, und vermeide negative.

Etappe 1: Smalltalk *(um das Eis zu brechen)*

- Was hast du heute gemacht?
- Warst du schon mal hier?
- Was machst du so, wenn du XY nicht machst?
- All diese Fragen kannst auch DU beantworten, indem du kurze Storys erzählst.
- Oder, was immer geht: Das Wetter (*Lieblings-Smalltalk-Thema der Deutschen*).

Etappe 2: Persönliche & tiefgründige Themen *(um Vertrauen aufzubauen)*

- Positive Themen, die *immer* gehen:
    - Familie/Freunde
    - Urlaube & Ausflüge
    - verrückte/witzige Erlebnisse
    - Freizeitaktivitäten/Hobbys/Leidenschaften
    - Positive Träume/Wünsche (z. B. ein Lottogewinn)
    - Berufliche Pläne/Ziele
    - eigene Kindheit oder Schulzeit
    - Musikgeschmack
    - Filme & Serien
    - Festivals/Konzerte
    - Haustiere

Tipp: Wenn du mal wirklich nicht weiterweißt, kannst du sie IMMER fragen:
„Was machst du, wenn du XYZ gerade nicht machst?"

#71: Soll ich die Rechnung beim Date bezahlen?

Die Frage ist: Warum willst du das tun? Weil *„ein Gentleman das einfach macht"*? Weil du denkst, dadurch bei ihr punkten zu können? Oder weil du Angst hast, dass sie dich dann nicht mehr mag? Das Problem mit dieser Denkweise ist: Es ist nicht authentisch. Du versuchst, dir ihre Sympathie und ihr Interesse zu erkaufen. Auch eine Form von Prostitution. Merke dir: *Echte Anziehung ist nicht käuflich!*

Willst du wirklich, dass sie dich nur wegen deines Geldes mag und weil du immer schön alle Rechnungen zahlst? Eine solche Beziehung wäre ein Armutszeugnis – für dich als Mann. Dein Ziel sollte es sein, dass sie dich aufgrund deiner Persönlichkeit mag und dich als Menschen toll findet, nicht dein Geld. Auch wenn du jetzt argumentierst: *„Aber Chris, es sind doch nur 10 Euro?"* Nein! Nicht beim ersten Date. Ihr seid noch in der Kennenlernphase, da muss keiner für den anderen zahlen. Du weißt ja nicht einmal, ob du sie jemals wiedersiehst. Zahlst du, wirst du sehr schnell zu ihrem Schoßhündchen und machst das, was der typische *Nice Guy* machen würde: Ihr jeden Wunsch erfüllen.

Wenn du etwas Besonderes sein willst, und sie wie einen normalen Menschen betrachten möchtest, dann zahlt getrennt – das ist die fairste Variante. Dadurch bist du kein Arschloch. Es ist vollkommen okay, eine getrennte Rechnung zu verlangen. Viele Mädels wünschen sich das in Zeiten der Emanzipation sogar – weil du sie so für voll nimmst und nicht wie ein unselbstständiges Prinzesschen behandelst.

Eine gute Möglichkeit ist auch das **Aufteilen**. Heißt: Ihr teilt euch im Laufe des Abends die Kosten. Erst zahlst du *(z. B. Eintritt)*, dann zahlt sie *(z. B. die Getränke)*. Immer im Wechsel. Das macht es für beide entspannter, vermittelt ein Kennenlernen auf Augenhöhe, schafft Vertrauen und sorgt gleichzeitig dafür, dass ihr den Abend auch bis zum Ende gemeinsam verbringt.

#72: Wann sollte ich sie beim Date küssen?

Die kurze Antwort: Dann, wenn DU es willst!

Viele Typen warten Ewigkeiten auf den perfekten Moment bis der Zug irgendwann abgefahren ist. Nimm dein Schicksal selbst in die Hand. Du bist der Mann, du führst. Die beste Variante ist es, *im Laufe des Dates* einen Kussversuch zu starten *(ca. nach 2/3 der Zeit)*. Vermeide es, sie zu Beginn oder am Ende des Dates zu küssen, außer ihr habt euch vorher schon einmal geküsst. Gerade am Ende wirkt der Kussversuch viel zu häufig wie ein Verzweiflungsmove. Doch *Wann* und *Wie* leitest du den Kussversuch am besten ein?

1. Steigere den Körperkontakt: Erst flüchtig/zufällig, dann immer bewusster (z. B. Arm um sie legen). Wenn sie viel Körperkontakt zulässt und sich in deiner Nähe wohlfühlt, wird sie auch den Kuss zulassen.

2. Leite den Kuss aktiv ein und frage auf keinen Fall vorher um *Erlaubnis* – du willst es, also mach es!
Achte vorher aber auf ihre Emotionen/Reaktionen:

- Fühlt sie sich wohl?
- Hat sie Spaß?
- Lacht sie viel?
- Lässt sie Berührungen zu?

Dann Go! Schau ihr tief in die Augen, nähere dich langsam mit deinem Mund und küsse sie.

Tipp: Du kannst den Kuss auch mit einem Vorwand einleiten bzw. situativ überleiten.
Beispiel: Sie erzählt dir, dass sie viele Hobbys hat. Daraufhin sagst du:
„Wow, du kannst aber eine ganze Menge, mal schauen, ob du auch das kannst…“, während du dich langsam zu ihr lehnst und sie küsst. Wenn du kreativ bist, wirst du immer ein Argument finden, um den Kuss einzuleiten.

#73: Sie hat den Kuss abgeblockt. Was tun?

Kein Grund gleich in Panik zu verfallen. Wenn sie den Kuss blockt, dir keine Szene macht und weiterhin in deiner Nähe bleibt und Zeit mit dir verbringen will, heißt das in den meisten Fällen einfach nur: JETZT NOCH NICHT. Es bedeutet nicht, dass sie generell kein Interesse hat.

Bleib in solch einer Situation also locker und entspannt und überspiel den Fail, indem du es *„weglächelst“*. Rede mit ihr ganz normal und gelassen weiter, so wie zuvor auch, oder wechsle zur Not das Thema. Lass ein wenig Zeit vergehen und probiere es in einer halben Stunde noch einmal. Falls nötig, versuchst du es jede halbe bis Viertelstunde wieder, solange, bis es klappt (*und wichtig:* nur so lange sie deine Gegenwart auch weiterhin genießt und nicht deutlich abgeneigt ist).

No Gos, wenn sie abblockt:

- Gehe niemals auf ihren Block ein.
- Sprich nicht darüber.
- Entschuldige oder rechtfertige dich nicht für den Kussversuch.
- Verhalte dich nicht angepisst.
- Und mach bitte keine unnötige Szene daraus!

Warum es diese Dinge zu beachten gilt?
Weil dein Fehlversuch erst dann zu einem Problem wird, sobald DU es zum Problem machst. Und durch diese Inkonsequenz wärst du nicht mehr authentisch. Ihr habt ein Date, du bist ein Kerl, sie ein Mädchen, du stehst auf sie. Der Kuss ist das Normalste der Welt.

Wichtig: Zwinge sie nicht zum Kuss! In Zeiten von Sexismus-Debatten musst du aber nicht gleich in Panik verfallen und übervorsichtig handeln – das wäre für ein Kennenlernen zwischen Mann und Frau kontraproduktiv. Mit einem Mindestmaß an sozialer Intelligenz erkennst du Grenzen und No Gos ganz automatisch.

#74: Wie vermeide ich die peinliche Stille beim Date/bei einem Gespräch?

Übe dich in Kommunikation, indem du viel mit Freunden, Familie und Fremden sprichst. Je mehr du deine sozialen Skills trainierst, desto leichter werden dir Gespräche fallen.

Überlege dir außerdem bereits im Voraus einige Backup-Storys. Diese kannst du dann gezielt im Date einsetzen, falls es mal zu einer sehr langen Pause kommen sollte.

Fragen, die du dir stellen solltest, um Backup-Storys zu erschaffen:

- Wie war mein heutiger Tag?
- Was kann ich erzählen, das MIR ein Lächeln ins Gesicht zaubert, wenn ich darüber nachdenke?
- Was war das Krasseste, was ich die letzten Tage erlebt habe?
- Welche Erlebnisse verbinde ich mit dem Ort/der Aktivität unseres Dates?

Wenn also das nächste Mal wieder „peinliche Stille“ aufkommt, nutze eine der 5 folgenden Möglichkeiten:

1. **Erzähl eine von deinen Back-up-Storys:** Am besten passend zur Situation/Location.
2. **Schau dich kurz um und quatsche über deine Umgebung:** z. B. über den Typen an der Bar, die Kellnerin, das Pärchen am Nachbartisch – egal was, quatsch einfach drauf los.
3. **Stell die Frage, die immer geht:** „Und was machst du, wenn du XY gerade nicht machst?“
4. **Schau ihr selbstbewusst in die Augen:** Damit gibst du das Problem an sie ab. Jetzt hat sie das Gefühl, sie müsste etwas sagen und redet drauf los.
5. **Sprich die unangenehme Situation an:** Das zeigt soziale Intelligenz und nimmt jedes Mal den Druck aus der Situation heraus.

Extra Date-Tipp: Falls ihr beim Date sitzt, dann setze dich ihr nicht direkt gegenüber *(ihr habt ein Date, kein Bewerbungsgespräch)*, sondern setze dich neben sie, oder noch besser (!) im 90 Grad Winkel zu ihr. Das wirkt nicht nur vertrauter, sondern ermöglicht dir auch, einfacher Körperkontakt aufzubauen.

#75: Wie frage ich nach einem Folgedate?

Wenn das 1. Date gut verlief, ist es nur logisch, dass ihr euch wiedersehen werdet. Gib ihr also ruhig ein paar Tage Zeit und überstürze jetzt nichts. Nachdem du ihr ein paar Tage Zeit zum Atmen gelassen hast, kannst du ihr wieder einen Datevorschlag machen (*was nicht bedeutet, dass du den Kontakt bis dahin komplett abbrechen sollst!*).

Erinnere dich dafür an euer 1. Date zurück:

- Habt ihr über etwas gesprochen, was ihr zusammen machen wollt?
- Gibt es gemeinsame Interessen oder Hobbys, welche man als Aktivität zusammen machen kann?
- Hattet ihr einen Insider, den du als Aufhänger nutzen kannst?
- Worüber hat sie gesprochen, von dem sie dir mehr erzählen kann?

Auch hier zählt Kreativität. Es gibt 1.000 Gründe, warum ihr euch wiedersehen solltet. Wichtig: Gehe genauso vor, wie bei beim 1. Date Vorschlag:

Schlage ihr wieder ein konkretes Treffen vor.
Mit **Ort, Aktivität, Tag** und **Uhrzeit.**

Pro-Tipp: Wenn du mit der Zeit richtig gut darin werden willst, noch leichter und sogar noch schneller Folgedates zu vereinbaren, dann achte darauf, sie während des 1. Dates bereits mit Ideen für Folgedates zu triggern. Das heißt: Sprich bereits beim 1. Date über Dinge, die ihr in der Zukunft ja *„vielleicht mal zusammen"* machen könntet.

Next-level-Tipp: Frage sie schon während des Dates, was die Tage noch bei ihr ansteht. So findest du nebenbei heraus, ob sie demnächst potenziell Zeit hat. Lief euer Date gut, kannst du ihr dann vor Ende des Dates vorschlagen, die Tage was zusammen zu machen. Somit wirst du vielleicht sogar auf dem Date selbst schon ein Folgedate vereinbaren.

#76: Soll ich ihr beim Date ein Kompliment machen?

Beim Date mit Komplimenten um sich zu schmeißen ist die typische Denkweise des Nice Guys. Viele denken, es gehöre zum Date dazu. Bullshit. Gerade weil viele Typen so denken und auch handeln, hast du den besten Grund, es selbst NICHT zu machen.

Sei keiner von diesen übertrieben netten 0815-Typen, welche das Mädel mit Komplimenten *(oder sogar Geschenken)* zubombardieren. Nur in der Hoffnung, dadurch gut bei ihr anzukommen. Denn das ist der Start in ein manipulatives Kennenlernen. Behandle sie wie ein normaler Mensch!

Merke dir: *Das Date kann auch ohne ein einziges Kompliment ein Erfolg werden.*

Zeig nicht *zu viel* Interesse. Gib ihr die Chance, auch dich zu erobern. Ihr wollt euch schließlich auf Augenhöhe kennenlernen. Der sicherste Weg Richtung Friendzone ist es, das Mädel auf ein Podest zu stellen.

Wenn du ihr ein Kompliment geben möchtest, dann höchstens zu ihrem **Verhalten**, ihrem **Charakter** oder ihrer **Einstellung** zu einer bestimmten Sache.

Vermeide es um jeden Preis, schleimige Komplimente zu ihrem Äußeren zu benutzen. Erwähne maximal bei der Begrüßung, dass sie gut aussieht. Aber auch nur, wenn Madame sich offensichtlich aufgetakelt hat, um dich zu beeindrucken.

Tipp: Versuche anstelle von Komplimenten durch *Zweideutigkeiten*, *Anspielungen* und des Öfteren auch durch *intensiven Augenkontakt* die sexuelle Anziehung zu dir zu erhöhen. Diese Mittel anzuwenden, kommt viel besser rüber, als Komplimente zu verteilen. Da sie die Grundbausteine eines jeden erfolgreichen Flirts darstellen!

#77: Wie baue ich Körperkontakt auf?

Körperkontakt entsteht nicht von jetzt auf gleich, nicht von 0 auf 100, sondern immer Stück für Stück. Er beginnt mit flüchtigen Berührungen, immer stärkerer körperlicher Nähe, bis er im Laufe des Dates sein Maximum erreicht: Den Kuss.

So baust du stufenweise Körperkontakt auf:
Den ersten flüchtigen Körperkontakt kannst du bereits bei der Begrüßung erzeugen *(durch eine Umarmung)*. Im Laufe des Dates kannst du dann weitere spielerische Berührungen einbringen. Lege z. B. beim Betreten des Cafés kurz deine Hand auf ihren Rücken, um sie ins Café *„reinzuschieben"* bzw. zu führen. Sobald sie mal etwas Freches sagt, kannst du ihr auch spielerisch einen leichten Schlag auf die Schulter, den Oberschenkel oder den Arm geben. Hierbei betonen wir ausdrücklich das Wort *„leicht"*. Hau sie nicht vom Stuhl bei deinem Versuch, Körperkontakt aufzubauen.

Während eures Gesprächs kannst du immer wieder Aufhänger finden (also Gründe), um sie situativ zu berühren. Sie hat einen besonderen Ring an ihrer Hand, ein Tattoo an der Schulter, eine Verletzung am Arm? Das muss sie dir zeigen! Sie erzählt dir von ihrem neuen Duschgel oder Parfüm, das sie heute benutzt hat? Dann solltest du das mal überprüfen und an ihr schnuppern.

Bei jedem Körperkontakt solltest du beobachten, ob sie es problemlos zulässt. Ist das der Fall, kannst du im Laufe des Dates einen Schritt weiter gehen. Lege beim Spazierengehen z. B. deinen Arm um ihre Hüfte oder nimm ihre Hand.

Sie lässt bis hierhin alles zu? Sehr gut! Dann steht auch eurem Kuss nichts mehr im Wege. Merke dir: Ein Kuss ist immer nur die logische Konsequenz aus gesteigertem Körperkontakt. Deine Chancen stehen also gut, versuche es! Falls es nicht klappt, denke an #73.

Wichtig: Körperkontakt bedeutet nicht, das Mädel zu befummeln bzw. zu irgendwas zu zwingen. Verhalte dich immer respektvoll und akzeptiere es, wenn sie kein Interesse hat, nicht mit dir Arm-in-Arm laufen möchte oder den Kuss abblockt!

#78: Wie küsse ich sie?

Erst einmal: Warte nicht auf den perfekten Moment, ansonsten wird es nie zum Kuss kommen. Wenn euer Date gut läuft, gibt es unendlich viele perfekte Momente.

Sie blickt dir oft intensiv in die Augen? Gutes Zeichen, mache das Gleiche. Lehne dich dann langsam zu ihr und küsse sie einfach. Es braucht keine Worte im Vorfeld.

Du spürst die Anziehung, aber sie quasselt non-stop? Berühre mit deinem Zeigefinger erst langsam deine Lippen, dann ihre, um ihr zu signalisieren: *Pssss!* Sie macht eine Pause, du legst deine Hand sanft auf ihre Wange, ziehst sie leicht zu dir und küsst sie.

Falls dich diese beiden Wege zu viel Überwindung kosten, kannst du es auch indirekter machen: Mit einem Vorwand bzw. Aufhänger.

Beispiele für gute Aufhänger:

- Sie benutzt ständig Labello?
  „Der scheint ja echt gut zu sein, muss ich mal testen …“ = Kussversuch!
- Ihr habt gerade noch über vergangene Erlebnisse gesprochen?
  „Was ist denn das Verrückteste, das du in letzter Zeit gemacht hast?“ Woraufhin sie etwas antwortet und du erwiderst: *„Das hier ist das Verrückteste, das ich in letzter Zeit gemacht habe …“* = Kussversuch!

Wichtig beim Kussversuch:

- Erzeuge vor dem Kuss intensiven Augenkontakt.
- Küsse sie immer so, als wäre es das Selbstverständlichste der Welt.
- Ein Kuss bedeutet immer Zungenkuss!
- Rede nicht im Anschluss darüber und genieße einfach den Moment.
- Warte niemals auf den richtigen Moment – küsse sie, sobald DU es willst!
- Ein optimales Timing ist ungefähr nach 2/3 des Dates *(bei der Begrüßung wäre es viel zu plötzlich, bei der Verabschiedung wirkt es eher verzweifelt).*

> **Tipp:** Wenn dir das Mädel häufig auf deine Lippen schaut, ist das ein sehr gutes Zeichen dafür, dass sie geküsst werden will!

#79: Wie geht es nach dem Kuss weiter?

Der Kuss gehört zu einem guten Date dazu. Betrachte ihn also nicht als etwas Besonderes. Verhalte dich so, als wäre es die natürlichste Sache auf der Welt, dass ihr hin und wieder rumknutscht – denn genau das ist es auch.

Verhaltensregeln nach dem Kuss:

- Sprich nicht über den Kuss, außer sie schneidet das Thema an.
- Halte weiter engen Blickkontakt.
- Führe euer Gespräch dort weiter, wo ihr vor dem Kuss aufgehört habt.
- Euer Abend verläuft weiter wie geplant: Ihr quatscht, lernt euch kennen und gelegentlich küsst ihr euch.

Übertreib es nicht!
Natürlich erzeugt das Küssen schöne Gefühle in dir *(vor allem, wenn dein letzter Kuss schon etwas länger her ist)*, aber verfalle jetzt nicht gleich in den *„Ich-will-ständig-knutschen-Modus"*. Gib ihr zwischendurch auch Luft zum Atmen, lernt euch in Gesprächen weiter kennen und häng nicht wie ein ausgetrockneter Hund an ihren Lippen.

> **Pro-Kuss-Tipp:** Sei immer du derjenige, der den Kuss zuerst beendet, um nicht bedürftig zu wirken. Somit wird sie diejenige sein, die mit der Zeit nach mehr verlangt und dich *länger* oder *öfter* küssen will. ;)

#80: Wie baue ich Vertrauen auf?

Eine erfolgreiche Verführung besteht immer aus *Anziehung + Vertrauen*. Anziehung sorgt für die sexuelle & körperliche Anziehung zwischen euch, Vertrauen schafft die zwischenmenschliche Basis, damit ihr auch langfristig gemeinsam Zeit miteinander verbringen wollt (*für den Punkt Beziehung also besonders relevant*).

Es muss immer beides vorhanden sein! Aus „Nur Anziehung" werden einmalige Bett-Geschichten, aus „Nur Vertrauen" wird die Friendzone.

Wie baue ich Vertrauen auf?
Die wichtigste Basis ist, dass du zu deinen Worten stehst! Handele deshalb immer *kongruent*, also authentisch und stets im Einklang mit deinen Worten. Damit wirkst du glaubwürdig und somit auch vertrauensvoll – weil du deine Worte lebst.

Es gibt nichts Schlimmeres, als das *eine* zu sagen und etwas völlig *anderes* zu tun bzw. sich anders zu verhalten. Beispiel: Du erzählst ihr, was für ein offener Mensch du bist, verhältst dich in Gruppen aber total schüchtern. Oder du sagst, du willst es langsam angehen, spammst sie aber ständig bei WhatsApp zu.

Vertrauen entsteht durch das Gefühl, dass sie glaubt, dich als Menschen zu kennen. Mit Storys kannst du somit auf subtile Art und Weise vermitteln, dass du vertrauenswürdig bist. Je mehr sie von deinen Charakter- & Verhaltenszügen kennenlernt, desto mehr Vertrauen entsteht.

Gute Themen für Storys sind:

- Familie (*Du erzählst davon, wie du deiner kleinen Schwester letztens geholfen hast, ihre Geburtstagsparty zu organisieren*).
- Freunde (*Du erzählst vom letzten Urlaub mit deinem besten Freund oder der coolen Hausparty*).
- Emotionale Storys (*Du erzählst von deiner ehrenamtlichen Tätigkeit oder wie du einem Menschen durch eine schwere Zeit geholfen hast*).
- Ehrgeiz (*Du erzählst von deinen Zielen und Träumen im Leben, von deinem Traumjob oder von dem Fallschirmsprung, den du irgendwann mal machen willst*).

Wichtig: Deine Storys sollten echt sein, nicht erfunden! Lüg das Mädel nicht an!

Kapitel 6: Beziehungsfragen

#81: Wie bekomme ich eine Freundin?

Erst einmal vorweg: Warum willst du eine Freundin?

Wenn deine Antwort lautet *„um glücklich zu werden"*, hast du schon die erste große Baustelle in deinem Leben gefunden. Für dein Glück bist allein du verantwortlich – und keine anderen Menschen! Männer, die so etwas fragen, sind in der Regel recht jung oder hatten bisher nur sehr wenig Erfahrungen mit Frauen. Sie glauben, ihre Zufriedenheit würde sich um 1.000 % verbessern, hätten sie endlich eine Freundin. Bullshit.

Krampfhaftes Suchen ist genauso problematisch, wie gar nichts dafür zu tun. Du wirst dich selbst nur unnötig unter Druck setzen, wenn du verzweifelt nach einer Freundin suchst. Das Ergebnis: Es wird erst recht nicht klappen. Und absolut gar nichts dafür zu tun, getreu dem Motto: *„Die Richtige wird schon irgendwann von allein vor meiner Tür stehen. Ich muss nur warten und fest daran glauben"*, wird dich auch nicht weiterbringen. DU allein bist für dein Schicksal verantwortlich.

Sei kein passiver Single, sondern ein aktiver Single! Bedeutet: Verlasse deine Komfortzone so oft du kannst. Gehe raus, lerne neue Menschen kennen, arbeite an dir und entwickle dich und deine Persönlichkeit weiter. Das sollte dein Kernziel sein. Das mit den Mädels ist dabei einfach nur ein netter Nebeneffekt.

So bekommst du also eine Freundin:

1. Lerne zunächst, mit dir selbst glücklich zu sein, bevor du zu zweit glücklich werden willst.
2. Lerne *währenddessen* Mädels vor allem in der Realität kennen und weniger online *(z. B. mit Dating-Apps)*. Somit arbeitest du stets an deinen sozialen Fähigkeiten. Das bringt dich in allen Bereichen des Lebens weiter.

3. Nutze jede Chance, deine Komfortzone zu verlassen. Das steigert deinen Mut und dein Selbstwertgefühl. Damit wirst du automatisch attraktiver für Mädels.

Den ersten guten Schritt hast du mit diesem Buch bereits gewagt. Glückwunsch! Jetzt liegt es an dir: Geh raus und sammle Erfahrungen! Mit jeder neuen Erfahrung wirst du wachsen.

#82: Sie will keine Beziehung eingehen. Was kann ich tun?

Ein *„Nein"* von einem Mädel bedeutet übersetzt häufig nur *„Noch nicht"*. Heißt für dich: Sie will JETZT keine Beziehung eingehen. In einem Monat kann das Ganze aber schon wieder anders aussehen. ;)

Auf keinen Fall solltest du sie jetzt unter Druck setzen. Damit erzeugst du nur das genaue Gegenteil. Eine (gesunde) Beziehung kann man nicht erzwingen!

Vergiss das Thema Beziehung also für einige Zeit und sprich nicht über irgendwelche *„süßen Gefühle"*, die du vielleicht bereits für sie hast. Und bitte verhalte dich nicht so, als wärst du mit ihr bereits in einer Beziehung – bleib entspannt! Das bedeutet vor allem: Eifersucht ist tabu. Ihr seid in keiner Beziehung, also kann sie tun und lassen, was sie will.

Eine Beziehung entsteht meist völlig automatisch durch intensiveres Kennenlernen gepaart mit Körperlichkeiten. Ein Kuss im Vorfeld ist eine Mindestvoraussetzung, Sex der Optimalfall. Ansonsten habt ihr eine Freundschaft, aber keine Beziehung. Dein Ziel sollte sein, ihr eine gute Zeit zu bescheren. Fühlt sie sich bei dir wohl, verbringt sie gerne Zeit mit dir, lässt sie Körperlichkeiten zu und seid ihr auf einer Wellenlänge, wird daraus auch eine Beziehung.

Wenn nicht, dann zieh weiter, auf der Suche nach einem Mädel, mit der es wirklich passt, und welche es kaum erwarten kann, dich als Freund zu haben!

> **Kurz gesagt:** Du kannst nix dagegen tun, wenn sie keine Beziehung mit dir will. Außer dafür zu sorgen, dass ihr gemeinsam eine tolle Zeit habt. Denn Beziehungen entstehen auf emotionaler Ebene, nicht auf rationaler.

#83: Wie führe ich eine Internetbeziehung?

Es ist das gleiche Problem wie mit den Fernbeziehungen: Es gibt keinen rationalen Grund ein solches Beziehungsmodell einzugehen. Echte Beziehungen finden immer in der Realität statt. Denn für eine gesunde & glückliche Beziehung ist ein Part wesentlich: Das mit der körperlichen Nähe. Bei Internetbeziehungen habt ihr euch vermutlich noch nicht mal persönlich getroffen – ihr kennt euch also noch nicht einmal. Hör also auf von *Liebe* zu sprechen. Berührungen, Kuscheln, Umarmungen, Küssen und Sex. All das gehört zum Kennenlernen und zu einer echten Beziehung dazu. Alles andere sind Kindergartenbeziehungen oder Freundschaften.

Fern- und Internetbeziehungen entstehen nur aus einem Mangel an Alternativen. Dir fehlt es an Mädels. Du steckst knöcheltief in der Komfortzone fest und steigerst dich in Bekanntschaften aus Online Games, Dating-Apps oder Internetforen rein. Du gehst verzweifelt Kompromisse ein, um trotzdem irgendwie eine Freundin zu kriegen. Kompromisse, die dich dauerhaft nicht glücklich machen. Du glaubst, sie wäre perfekt und ihr würdet so gut zueinander passen – obwohl es dir an echten Vergleichsmöglichkeiten fehlt. Lerne erstmal 10 oder 20 Mädels kennen (in der Realität!), um wirklich zu wissen, was du im Leben willst.

Stelle dir die folgende Frage: *Wie sieht eine perfekte Beziehung für mich aus?* Du wirst zu der Antwort kommen, dass du mit deiner Freundin auch Zeit verbringen und sie küssen möchtest. Wenn du also die Wahl im Leben hast (und die hast du immer): Warum willst du eine Internetbeziehung führen? Falls du bereits in einer solch erzwungenen Beziehung bist, sorge schnell dafür, dass aus der Internetbeziehung eine reale Beziehung wird. Wenn das Mädel damit nicht einverstanden ist, und stattdessen anfängt, auf Zeit zu spielen, um das Ganze hinauszuzögern *(egal, aus welchen Gründen)*, dann beende es. Halte dich an deine Prinzipien. Und handle konsequent. Ansonsten verarschst du dich nur selbst.

Wirkliches Kennenlernen findet in der Realität statt, nicht in der virtuellen Welt!

#84: Wie führe ich eine Fernbeziehung?

Wie auch schon bei der vorherigen Antwort zur Internetbeziehung: **Am besten gar nicht.**

Eine Fernbeziehung stellt ebenso nur eine Kompromisslösung dar, und macht beide Partner auf lange Sicht nicht glücklich. Überlege dir also gut, wie glücklich du selbst WIRKLICH mit dieser Beziehungsform sein kannst. In deiner Umgebung gibt es unzählige Mädels, die nur darauf warten, von dir angesprochen zu werden. Dir werden zahlreiche Chancen geboten, eine Freundin zu finden, die in deiner Nähe wohnt. Du musst sie nur nutzen, anstatt dich mit dem Kompromiss einer Fernbeziehung lediglich zufriedenzustellen. Verlasse deine Komfortzone!

Überlege dir, was du in einer Beziehung willst, und lebe diese Prinzipien. Eine gesunde und glückliche Beziehung braucht Nähe. Ihr solltet also nicht Hunderte Kilometer auseinander wohnen und euch nur alle 2 Wochen sehen können.

Regelmäßiges Sehen ist vor allem in der Anfangsphase wichtig, damit ihr euch überhaupt kennenlernen könnt. Denn zu einem Kennenlernen gehört mehr, als ein paar WhatsApp-Nachrichten: Mimik, Gestik, Stimme, Geruch und vieles mehr. Erst hier findet ihr heraus, ob ihr WIRKLICH zusammenpasst.

Trotzdem gibt es natürlich Ausnahmen: Wenn ihr vorher schon längere Zeit in einer Beziehung gewesen seid *(mindestens ein paar Jahre lang)*, in der ihr euch regelmäßig gesehen habt, dann kann eine Fernbeziehung funktionieren. Die Betonung hier liegt auf *„kann"*. Und auch NUR, wenn ihr schon lange zusammen seid.

Merke dir aber: Eine Fernbeziehung sollte IMMER nur eine vorübergehende Lösung sein, z. B. wenn einer von euch beiden *kurzzeitig wegen* seines Studiums oder Jobs wegzieht, und niemals etwas auf Dauer. Es sollte immer ein Ende in Sicht sein und kein Dauerzustand.

#85: Ab wann bin ich in einer Beziehung?

Liebe bzw. Beziehungen funktionieren nicht wie eine Checkliste. Du kannst dich nicht hinstellen, einfach irgendwelche Punkte durchgehen, abhaken und am Ende zu dem Entschluss kommen: *„Ich glaube, wir sind jetzt in einer Beziehung. Also sollten wir uns auch dementsprechend verhalten"*. Eine richtige Beziehung ist das Ergebnis aus einem langen, intensiven und regelmäßigen Kennenlernen, und nicht einfach nur ein geänderter Facebook-Beziehungsstatus. Eine Beziehung braucht also vor allem eines: Zeit.

Wenn ihr viel Zeit miteinander verbringt (Zeit im echten Leben, nicht online), dann resultiert das Ganze am Ende völlig automatisch in einer Beziehung.

Bedeutet also: Fang nicht an, vorher über irgendwelche Gefühle zu reden. Stell ihr keine Fragen darüber, ob sie gerade auf der Suche nach einer Beziehung ist oder sogar eine mit dir eingehen will. Eine Beziehung entsteht aus Gefühlen, nicht aus Worten.

Das Kernproblem: Wir Typen denken und handeln hauptsächlich rational. Mädels hingegen sind emotional getrieben. Das ist der wesentliche Unterschied zwischen Männern und Frauen. Und bedeutet: Deine Aufgabe ist es, das Mädel zu verführen und mit ihr eine gute Zeit zu haben. Wenn du das machst, wird sie dich auch emotional an sich binden (eine Beziehung mit dir eingehen).

Die Antwort lautet also: Fokussiere dich darauf, dem Mädel eine schöne und spannende Zeit mit dir zu bereiten. Dann wird die Beziehung eine logische Konsequenz sein. Irgendwann wird sie das Beziehungsthema ganz von allein ansprechen. Ab da könnt ihr eure Beziehung dann als *„offiziell"* betrachten. Spricht sie es nicht an, kann dir das auch egal sein - so lange ihr eine gute Zeit habt.

Voraussetzung für eine Beziehung: Es fand *(VOR dem „offiziellen" Zeitpunkt)* mindestens ein Kuss statt, noch besser – Sex. Denn diese intimen Körperlichkeiten gehören zum Kennenlernen dazu. Eine Beziehung ohne Kuss (oder sogar ohne ein Treffen) ist keine echte Beziehung.

#86: Wann ist ein gutes Alter für eine Beziehung?

Bei diesem Punkt gibt es kein richtig oder falsch. Es liegt ganz bei dir.

Stell dir einfach mal folgende Fragen:

1. Fühlst du dich schon reif genug für eine Beziehung?
2. Willst du überhaupt schon eine Beziehung?

Wenn du beides mit einem „Ja“ beantworten kannst, dann ist jedes Alter, das *perfekte* Alter, um die erste Beziehung einzugehen. Egal, ob du noch sehr jung bist, oder schon über 18. Hör auf, dich unnötig unter Druck setzen zu lassen, weil du andere Freunde in deinem Alter siehst, die bereits in einer Beziehung sind. Eine Beziehung ist kein Statussymbol. Du solltest es mit dem Mädel wirklich ernst meinen. Niemand ist ein besserer Mensch, nur weil er schon sehr früh seine erste Freundin hatte.

Ganz im Gegenteil: Eine Beziehung in sehr jungen Jahren (z. B. unter 12) kann sogar problematisch sein. Warum?

Weil du eine gewisse geistige und körperliche Reife besitzen solltest. Du steckst noch mitten in der Kindheit und bist vermutlich noch nicht einmal in der Pubertät angekommen. Genieße deine Kindheit und lebe sie aus, solange du es noch kannst. Denn ab dem Punkt, wo *„Mädchen nicht mehr doof sind“* verändert sich eine ganze Menge. Lasse diesen Punkt entspannt auf dich zukommen und überstürze nichts. Du hast noch so viel Zeit in deinem Leben.

Übrigens: Chris hatte seine erste Beziehung auch erst mit 17 und Ignatz sogar erst mit 18 Jahren. Es ist also nichts Schlimmes daran, als Jugendlicher noch keine Freundin gehabt zu haben. Dein Leben ist mit 18 Jahren nicht gleich vorbei. Du hast noch genug Zeit, ausgiebig Erfahrungen zu sammeln und dich auszutoben.

#87: Ich habe das erste Mal eine Freundin. Wie kann ich es meinen Eltern sagen?

Mache dir erstmal bewusst, dass auch deine Eltern nur zwei Menschen sind, die sich lieben. Auch sie standen mal vor genau dieser Situation, als sie ihren ersten Freund/ihre erste Freundin hatten. Sie werden *(und sollten)* also Verständnis dafür haben. Im schlimmsten Fall bekommst du noch einmal die Geschichte von *„der Biene und der Blume"* zu hören. Im Normalfall werden sie sich aber für dich freuen – weil sie wissen, dass es das Normalste der Welt ist.

Natürlich sind Eltern verschieden, es gibt unterschiedliche Kulturkreise und Elternpaare mit sehr verkorksten Ansichten einer Erziehung. Du solltest aber keine Angst haben oder dich dafür schämen. Es ist dein Leben und dein gutes Recht glücklich zu werden.

> *Beziehungen gehören zum Leben dazu.*
> Verhalte dich dementsprechend und deine Eltern werden es auch.

Du hast also zwei Möglichkeiten:

1. Du redest mit ihnen und erzählst ihnen von dem Mädchen, und dass ihr jetzt zusammen seid. Sie werden ein paar Fragen zu ihr stellen und sie mit der Zeit kennenlernen wollen.

Oder:

2. Du bringst sie einfach mit nach Hause und stellst sie deinen Eltern vor. Am besten so, wie du auch mal einen Freund mit nach Hause gebracht und ihn kurz vorgestellt hast. Hier müsstest du noch nicht einmal erwähnen, dass ihr zusammen seid. Deine Eltern werden es entweder:

    A) von allein merken oder
    B) wahrscheinlich auch von selbst ansprechen.

> **Wichtig:** *Sollten deine Eltern sehr unentspannt darauf reagieren, vielleicht sogar agressiv oder gewaltätig, wende dich bitte an die Nummer gegen Kummer. Profis helfen dir dort. Telefon: 116 111*

#88: Wir sind zusammen, haben uns aber noch nicht geküsst. Was hat das zu bedeuten?

Die bittere Wahrheit lautet: Nichts, siehe Frage #85! In jungen Jahren *(meist unter 16)* sind solche „Beziehungen" gelegentlich mal der Fall. Das sind aber keine ernsthaften Beziehungen, sondern Kindergartenbeziehungen. Merke dir: Ohne Kuss keine Beziehung *(auch wenn es asexuelle Menschen gibt, aber diese lesen solch ein Buch nicht).* Der Kuss gehört wie das Amen in der Kirche dazu.

Körperlichkeiten sind also essenziell für eine gesunde Beziehung. Nur durch Nähe und Zärtlichkeiten lassen sich Beziehungen auf emotionaler Ebene stärken und vertiefen. Eine Beziehung besteht nun einmal nicht nur aus süßen Worten und ein paar Herzchen-Emojis bei WhatsApp. Je leidenschaftlicher zwei Menschen miteinander umgehen, je mehr Körperkontakt da ist, desto stärker, glücklicher und langfristiger wird die Beziehung.

Eine ernsthafte Beziehung beruht immer auf einer emotionalen Verbindung. Diese entsteht vor allem durch Körperlichkeiten, weil dies der deutlichste Austausch eurer Zuneigung ist. Denn, wie wir wissen: Es zählen Taten, nicht Worte. Ein Kuss sagt 1.000 x mehr als irgendwelche verbalen Liebesgeständnisse.

Die Faustregel lautet hier:
Es benötigt mindestens einen Kuss, wenn du älter bist auch Sex – bevor man das ganze überhaupt eine Beziehung nennen kann. Der Kuss oder Sex sollten natürlich regelmäßig stattfinden und kein einmaliges Erlebnis gewesen sein, siehe #85.

#89: Wie frage ich nach einer Beziehung?

Wie du bereits gelernt hast, entsteht eine Beziehung nicht aus Worten. Eine Beziehung ist eine emotionale Entscheidung. Sie resultiert daraus, dass man sich kennengelernt hat, sich mag, sich regelmäßig trifft und körperliche Nähe austauscht.

Mindestanforderungen an eine *„echte"* Beziehung sind deshalb:

- *(Sexuelle)* Anziehung
- Vertrauen
- Ein Kennenlernen über einen längeren Zeitraum
- Regelmäßige Treffen
- Körperlichkeiten & Nähe (mindestens Küssen)

Einfach zu fragen, *„Willst du mit mir gehen?"*, *„Willst du mit mir zusammen sein?"*, oder *„Willst du eine Beziehung mit mir eingehen?"*, ist ein sehr ungesunder Weg, um eine Beziehung einzuleiten – und gleicht einer Abkürzung. Liebe funktioniert aber nicht auf dem kürzesten Weg. Zu einer gesunden und langfristigen Beziehung gehört mehr, als eine Frage zu stellen. So etwas wirkt schnell creepy, bedürftig und verschreckt das Mädel, weil du sie dadurch unter Druck setzt und mit deinen Gefühlen überforderst.

Es ist außerdem keine Begegnung auf Augenhöhe, weil du mit einer Frage immer der bist, der den anderen um etwas bittet. Unnötiger Bullshit. Mögt ihr euch, geht ihr auf Augenhöhe miteinander um und wollt ihr es beide, entsteht eine Beziehung ganz automatisch.

Gewöhne dir also an, den Part mit *Gefühlen & Beziehung* dem Mädel zu überlassen, während du dich darauf fokussierst, sie zu verführen, sodass sie mit dir glücklich ist und liebend gerne eine Beziehung einleitet.

Wenn du dich auf deine Aufgabe als Mann konzentrierst, wird sie mit der Zeit völlig automatisch das Thema Beziehung ansprechen und z. B. fragen *„Was ist das eigentlich zwischen uns?“*. Vertraue auf diesen gesunden Weg des Kennenlernens.

Frage also NICHT pro-aktiv nach einer Beziehung! Denn habt ihr bereits eine gute Zeit, gibt es auch keinen Grund, warum das jetzt offiziell eine Beziehung sein muss. Konzentriere dich lieber darauf, mit ihr eine schöne Zeit zu haben, statt auf deinen Facebook-Status.

#90: Wie kann ich ihr meine Liebe gestehen/beweisen?

Flirten & Liebe hat etwas mit Gefühlen, Stimmung, Anziehung und sexueller Spannung zu tun. All das findet auf der emotionalen Ebene statt, nicht auf der rationalen. Ein Liebesgeständnis ist aber ein rationaler Weg. Denn Gefühle zum Ausdruck zu bringen bedeutet nicht gleich, sie zu verbalisieren.

Vor allem, wenn ihr euch noch nicht richtig kennt. Einem Mädel deine Liebe zu gestehen, ohne sicher zu sein, dass sie genauso fühlt, ist einer der schnellsten und sichersten Wege, um sie zu verlieren. Wenn ihr beide noch frisch in der Kennenlernphase seid, dann macht dich ein Liebesgeständnis nicht nur völlig angreifbar, sondern überfordert das Mädel auch emotional. Das Ergebnis: Es entsteht ein Ungleichgewicht und das Kennenlernen spielt sich danach nicht mehr auf Augenhöhe ab. Eine äußerst schlechte Basis für eine gemeinsame Zukunft.

Verstehe, dass ein Liebesgeständnis ein viel zu großer *Invest* von dir ist. Mit anderen Worten: Du gibst dir bei dem Mädel zu viel Mühe. Du steckst zu viel Zeit, Energie und Emotionen in sie. Du überschüttest sie mit Gefühlen. Das ist too much. Es bringt euer (hoffentlich) bisher entspanntes Kennenlernen auf eine unangenehme Ebene und nimmt die Magie & Anziehung. Es setzt nicht nur dich unter Druck, sondern auch das Mädel.

Lass das mit den Liebesgeständnissen in der Kennenlernphase. Das reale Leben funktioniert nicht wie in Hollywood-Filmen. Hör also auf, dich wie in einem zu benehmen. Hör auf, Abkürzungen zu nehmen. Betrachte das ganze Thema besser als eine Art Spiel, um dich erfolgreich von Anspannungen und Druck zu lösen. Lerne, mit Spaß zu flirten und zu verführen. Und lerne, deinen Fokus auf eure schöne, gemeinsame Zeit zu legen. Nur so wirst du Erfolg bei deinem Schwarm haben!

Merke dir: Das beste Liebesgeständnis ist ein Kuss.

Zeige ihr durch dein Verhalten *(nicht durch Worte),* wie wichtig sie dir ist. Du nimmst dir Zeit für sie, du schenkst ihr deine Nähe, du respektierst sie, du vertraust ihr, du küsst sie und bist ihr Fels in der Brandung. DAS sind echte Liebesgeständnisse – nicht irgendwelche gesprochenen oder geschriebenen Worte.

#91: Ich bin eifersüchtig. Was kann ich tun?

Eifersucht entsteht immer aus Verlustangst gepaart mit einem mangelnden Selbstwertgefühl. Du vertraust ihr nicht – und noch schlimmer: Du vertraust DIR nicht. Die denkbar schlechteste Basis für eine glückliche Beziehung. Und das Schlimmste daran: Eifersucht führt immer zu unnötigen Diskussionen, sinnlosem Drama und am Ende sogar zu einer zerstörten Beziehung. Deshalb ist es so wichtig, an Eifersucht zu arbeiten – und diese Arbeit fängt bei dir an.

Dein Mindset sollte sein:

„Ich bin das Beste, was ihr passieren konnte."
oder
„Ich bin der coolste Typ, mit dem sie jemals zusammen war."

Frage: Wenn du der coolste und beste Typ bist, mit dem sie jemals zusammen war, warum sollte sie dann etwas mit jemand anderem anfangen?

Richtig. Eifersucht ist nur ein Armutszeugnis an dich selbst. Es ist der deutlichste Beweis dafür, dass du dich für einen Versager hältst. Das merkt nicht nur deine Freundin, sondern auch jeder in deinem Freundeskreis, der von deinem Eifersuchtsdrama mitbekommt. Mache dich also nicht lächerlich. Du kannst dem Mädel nichts verbieten, sie ist ein freier Mensch. Oder noch schlimmer: Sie dazu zwingen, mit dir zusammen zu sein. Machst du das doch, erzeugst du das genaue Gegenteil und sie wird dir fremdgehen – versprochen.

Um dies zu vermeiden, zeige ihr stattdessen, dass du entspannt damit umgehst und es dich nicht juckt.

Beispiel: *Ein Typ baggert sie an? Oder sie erzählt davon, wie sie mit irgendeinem Typen zusammen etwas unternommen hat?*

Sag ihr: *„Cooler Typ, ihr zwei solltet heiraten"*, oder *„Cooler Typ, du solltest dir mal seine Nummer holen"*. Wenn du das auf eine entspannte (nicht angepisste) Art rüberbringst, wird sie anfangen, dich zu verteidigen bzw. noch verrückter nach dir zu werden. Umgekehrte Psychologie. Rede deine Konkurrenz niemals schlecht, sondern freunde dich mit ihr an.

#92: Ich will sie nicht verlieren! Wie kann ich es schaffen, dass sie für immer bei mir bleibt?

Das, was du hast, ist Verlustangst. Verständlich, aber extrem kontraproduktiv für eure Beziehung. Denn eine Beziehung ist kein Vertrag. Selbst in einer Beziehung seid ihr beide noch immer freie Menschen, die sich ihr Leben lang weiterentwickeln und verändern. Es gibt also keine Garantie für ein *„für-immer-zusammenbleiben"*. Die Wahrheit lautet also (auch wenn du sie nicht hören willst): Eine Beziehung kann immer ein Ende haben – egal wie sicher du dir bist. Sei dir dessen bewusst, fokussiere dich aber nicht darauf. Es zählt das HIER und JETZT und nicht das *„Was wäre wenn"*.

> *„Für immer"* = übertrieben romantische Denkweise, die ein Zeichen von emotionaler Abhängigkeit ist.

Nur, wenn du auch bereit bist, sie zu verlieren, kannst du sie für dich gewinnen. Lerne also, deine Verlustangst zu kontrollieren und dich auf das Positive eurer Beziehung zu konzentrieren.

So wirst du sie langfristig für dich gewinnen:
Bleibe entspannt, bleibe der Mann in eurer Beziehung, vermittel Sicherheit und Gelassenheit und sei keine beleidigte Drama-Queen. Verliere nicht dein eigenes Leben aus den Augen, mache auch mal etwas ohne sie, gehe deinen Hobbys nach und sei mit dir selbst im Reinen. Denn, wenn du mir dir selbst glücklich bist, gibst du auch ihrem Leben automatisch einen Mehrwert. Ohne diese wichtige Basis kann keine langfristig-glückliche Beziehung entstehen, weil dein einziges Glück sonst aus der Abhängigkeit zu ihr besteht.

Der zweite wichtige Punkt: Verführe sie jeden Tag aufs Neue, so als wäre es euer erstes Date. Ruh dich nicht auf Erfolgen aus, sieh eure Beziehung nicht als selbstverständlich an und gerate nicht in den Teufelskreis der Beziehungs-Komfortzone.

Behalte immer im Kopf, dass eine Beziehung nicht geplant werden kann, weil das Leben dafür zu dynamisch abläuft. Ihr habt JETZT eine schöne Zeit, ihr mögt euch, ihr liebt euch und ihr seid glücklich – das ist das, was zählt.

#93: Ich habe einen Fehler gemacht! Wie kann ich es wieder gut machen und mich entschuldigen?

Entschuldigungen werden von vielen Kerlen gerne als die ultimative Lösung jedes Beziehungsproblems angesehen. Egal was ist: *„Erstmal entschuldigen, damit Madame nicht sauer ist"*. Totaler Bullshit.

Bevor du etwas unternimmst, frage dich immer zunächst:
„War dieser Fehler wirklich so schlimm?"

Denn meist steigern wir uns in Dinge rein und lassen uns von Menschen Vorwürfe für völlige Lappalien machen. Das Ergebnis: Unnötiges Drama, Diskussionen und emotionaler Stress. Lass das und komm aus deiner Opferrolle raus.

Bei Kleinigkeiten gilt: Wenn du z. B. mal einen frechen Spruch bringst, solltest du dich niemals entschuldigen. Bleibe immer authentisch und stehe zu dem, was du sagst und tust.

Bei größeren Fehlern/Dummheiten gilt: Sieh deinen Fehler ein. Zeig Verständnis und entschuldige dich GENAU 1 Mal – und das war's. Fang nicht an, dich übertrieben häufig zu entschuldigen oder irgendwelche Liebesaktionen zu starten *(z. B. mit einem Strauß Blumen o.Ä.)*. Du hast eine falsche Entscheidung im Leben getroffen, das passiert. Du hast daraus gelernt und damit ist die Sache durch. Kein Grund, damit das komplette Sommerloch zu füllen.

> Stehe immer zu deinen Entscheidungen im Leben – selbst, wenn sie falsch waren.

Bei richtig gewaltigen Fehlern gilt: Hast du es einmal so richtig verbockt, gibt es meist kein Zurück mehr. Das mit der zweiten Chance ist ein Märchen. Bei Menschen haben wir in der Regel nur eine Chance, da grobe Fehler immer tief im Unterbewusstsein verankert bleiben.

Egal, wie groß deine Entschuldigung ist oder wie überzeugend sie dir sagt, dass sie dir verzeiht. Es wird IMMER in ihrem Kopf bleiben.

In so einem Fall gibt es nur noch eine Möglichkeit: Akzeptiere es, dass du es verbockt hast, und versuche, es beim nächsten Mädel besser zu machen. Somit behältst du zumindest deinen Stolz und bleibst dir treu.

#94: Wie führe ich eine glückliche Beziehung?

Der wichtigste Grundsatz für eine glückliche Beziehung lautet: Keine übertriebene emotionale Abhängigkeit!

Beide Partner sollten noch ein eigenes Leben und Freiraum haben, um sich auch mit anderen Dingen zu beschäftigen. Ein andauerndes *„Aufeinanderhocken“* ist genauso schädlich, wie sich *nie* zu sehen.

Eine Freundin ist immer nur ein Nice-to-have, kein Must-have. Sie ist ein *Bonus* obendrauf, sollte aber niemals das Einzige sein, was dich im Leben glücklich macht. Das ist das Geheimnis einer langen Beziehung, weil es eine Beziehung auf Augenhöhe ist – ohne pseudo-romantischem Blabla. Mit dieser Einstellung kann auch viel einfacher Vertrauen entstehen und Eifersucht verschwinden. Vertrauen bedeutet vor allem Loyalität und Ehrlichkeit zum Partner – der Kern einer gesunden Beziehung.

Regelmäßiges Sehen und Körperlichkeiten sorgen für eine tiefere Verbindung. Kaputte Beziehungen erkennst du meist an fehlenden Körperlichkeiten, z. B. schlechtem bzw. sehr seltenem Sex. Oder komplett fehlenden Berührungen.

Extrem förderlich ist es, Gemeinsamkeiten und Interesse am Leben des Partners zu haben. Menschen reden am liebsten über sich selbst – also interessiere dich auch nach wie vor für sie, für ihr Leben und für ihre Persönlichkeit.

Schlüsselelemente einer glücklichen Beziehung:

- Kein Ausnutzen oder Rumkommandieren des Partners.
- Keine Eifersuchtsspielchen oder sonstige Manipulationen.
- Kein unnötiges, emotionales Drama.
- Keine totale Abhängigkeit ohne eigenes Leben.
- Kein *Glücklich-Sein,* nur aufgrund der Beziehung.

Geheimtipp: Gemeinsame Erlebnisse! Hockt nicht einfach nur zu Hause rum, sondern unternehmt auch etwas zusammen, z. B. aufregende Aktivitäten, gemeinsame Urlaube, etc. – das schweißt zusammen!

#95: Wie kann ich meine Ex-Freundin zurückgewinnen?

Überlege dir zunächst einmal, was damals genau der Grund für die Trennung war. Das ist ein wichtiger Punkt, bevor du überhaupt auch nur eine Sekunde darüber nachdenken solltest, sie zurückzuwollen. Wir Menschen neigen nämlich dazu, so etwas mit der Zeit zu vergessen und behalten nur die schönen Momente in Erinnerung. Es gibt also zwei Szenarien:

1. **Sie war schuld an der Trennung**
   Lass es sein. Sie hatte ihre Chance. Ihr Verlust, nicht deiner!
2. **Du warst schuld an der Trennung**
   Möglicherweise besteht eine Chance, sie zurückzugewinnen.

ABER:

Jeder Versuch der erneuten Eroberung ist ein Verzweiflungsmove, bei dem du dich wieder unter Wert verkaufst. Du stehst mal wieder nicht zu deinen Entscheidungen im Leben, auch wenn diese vielleicht falsch waren. Kurz: Du handelst inkongruent.

Der einzige Grund, warum du einer verflossenen Liebe hinterhertrauerst, sind immer mangelnde Alternativen. Sie war und ist vermutlich das einzige Mädel in deinem Leben, das sich mal für dich interessiert hat. Du klammerst, weil du keine anderen Mädels am Start hast und nicht, „weil sie perfekt ist". Bullshit. Wie viele Mädels hast du in deinem Leben kennengelernt, um das wirklich beurteilen zu können? Bevor du also auch nur einen einzigen Gedanken an deine Ex verschwendest, geh raus, tob dich aus und lerne neue Mädels kennen!

Mit deiner Ex-Freundin solltest du maximal eine rein sexuelle Beziehung führen. Warum? Weil eine ernsthafte Beziehung schon einmal nicht funktioniert hat. Die Wahrscheinlichkeit, dass es wieder in einer Katastrophe endet, ist sehr groß.

Merke dir: Für eine Trennung gibt es immer einen Grund. Und dieser wird unterbewusst immer in euren beiden Köpfen verankert bleiben.

Denke immer dran: Aufgewärmt schmeckt nur Gulasch. ;)

#96: Das Erste Mal steht an. Wie gehe ich vor?

Erstmal: Sei bereit dafür. Aber steigere dich auch nicht zu sehr rein. Sonst setzt du dich nur unnötig selbst unter Druck. Druck, welchen sie dann auch verspüren wird. Und da Druck immer auch Gegendruck erzeugt, wird es in dem Moment womöglich nicht mal zum Sex kommen, weil sie abblockt.

Heißt also: Bleib entspannt! Es ist nur Sex, das Ergebnis intensiven & leidenschaftlichen Körperkontakts und die natürlichste Sache der Welt – keine Raketen-Wissenschaft!

Im Normalfall sieht der Ablauf wie folgt aus:
Ihr berührt euch, küsst euch, diese Küsse werden immer leidenschaftlicher, Hände wandern, intime Stellen werden berührt, Kleidungsstücke verschwinden und es folgt Sex. Bäm. Bei den einzelnen Etappen merkst du dann auch automatisch, wie bereit deine Freundin wirklich dafür ist. Dabei ist die emotionale Stimmung auch viel entscheidender als das Alter oder die Situation.

Was tun, wenn sie abblockt?
Sollte sie zu einem bestimmten Zeitpunkt abblocken, machst du einen Schritt zurück, bzw. lässt es langsamer angehen. Sie lässt dich z. B. nicht ihren BH ausziehen? Verfall nicht gleich in Panik. Bleib ruhig. Küsse und berühre sie weiter, sorge wieder für eine erotische Stimmung und versuche es in ein paar Minuten noch einmal. Bedeutet also: Immer einen Schritt zurück – dort weitermachen, wo sie es akzeptiert – und nach einiger Zeit, wieder versuchen dort weiterzumachen, wo sie abgeblockt hat. Verstehe dabei, dass Frauen nicht so wie wir Männer von jetzt auf gleich *(wie bei einem Lichtschalter)* erregt werden.

Betrachte die sexuelle Erregung bei Frauen eher als eine Art Ofen. Je kürzer du ihn aufwärmst, desto schneller kühlt er wieder ab. Je länger du ihn aufwärmst, desto länger braucht er auch, um sich wieder abzukühlen. Nimm dir also Zeit für sie und denk nicht nur an deinen eigenen Spaß.

Wichtig: Vergiss nicht das Thema Verhütung & Schutz vor Krankheiten! Aus Sex können Kinder entstehen – dieser Verantwortung solltest du dir bewusst sein.

#97: Wie kann ich sie vergessen?

„Vergessen" klappt bei den meisten Typen nicht so einfach, weil viele aus Gewohnheit noch immer Kontakt zu ihr halten, z. B. über Facebook oder WhatsApp. Das ist das Problem. Hör auf, dich an etwas zu klammern, das es nicht mehr gibt. Schritt 1 lautet also: Lösche sie vollständig aus deinem digitalen Leben. WhatsApp, Facebook, gemeinsame Bilder – all das sorgt nur dafür, dass du ständig an sie denken musst. Lösch es! Alles. Ohne Kompromisse! Das ist hart, aber effektiv, denn so bekommst du automatisch weniger von ihr mit und kriegst wieder einen freien Kopf.

Im echten Leben musst du ihr nicht zwingend aus dem Weg gehen, solltest aber auch nicht ihre Nähe suchen. Das höchste der Gefühle ist ein Gruß im Vorbeigehen – mehr Kontakt sollte nicht drin sein. Renne ihr nicht hinterher und mache dir nicht ständig Hoffnungen. Du musst sie abhaken. Deshalb bringt es auch nichts, einfach zu Hause zu hocken und sich zu sagen *„Ich will nicht mehr an sie denken"*, oder *„Ich muss sie vergessen"* – du denkst in diesem Moment automatisch an sie. Der einzig effektive Weg lautet: Lerne neue Mädels kennen!

Meist hängt ein Kerl nur noch deshalb an seiner verflossenen Liebe, weil es ihm an *Alternativen* fehlt, da sie das einzige Mädel in seinem Leben ist bzw. war. Tue dir selbst den Gefallen und verhalte dich nicht wie einer dieser verzweifelten Kerle, die in Selbstmitleid versinken. Werde aktiv, gehe raus in die echte Welt und lerne neue Mädels kennen. So viele wie möglich. Mit der Zeit wirst du merken: *„Hey, da draußen gibt es noch viel coolere Mädels als sie!"* Mädels, die noch besser aussehen, noch interessierter an dir sind und eine noch coolere Persönlichkeit haben. Weißt du, was der größte Vorteil dabei ist? Mit der Zeit wirst du sie automatisch vergessen, weil dir früher oder später ein anderes Mädel viel wichtiger sein wird.

Sei dir bewusst: Es ist nicht verwerflich, als Single viele Mädels kennenzulernen oder zu daten. Es ist dein gutes Recht. Und nur so findest du wirklich Mrs. Perfect.

Kapitel 7: Fragen zur gefürchteten „Friendzone“

#98: Wie vermeide ich es, in der Friendzone zu landen?

Hör auf, so brav und nett mit Mädels umzugehen – das wäre die Kurzfassung.

Zu einer Liebesbeziehung gehören immer die beiden Komponenten *Anziehung* und *Vertrauen*. Bei der bekannten Friendzone ist das Problem: Es herrscht nur Vertrauen, keine *(sexuelle)* Anziehung! Aus *netten* Gesprächen entstehen keine romantischen Beziehungen, sondern *immer (!)* nur Freundschaften. Es fehlt ein wichtiger Part: Das Körperliche. Ohne Nähe wird zwischen euch auch keine wirkliche Anziehung entstehen. Typen, die in der Friendzone landen, verhalten sich übervorsichtig, schrecken bei jeder Berührung zurück, trauen sich keine frechen Sprüche zu bringen und verhalten sich wie ihr persönlicher Butler, der sie schlimmer bemuttert als ihr eigene Mutter. Mit so einem Verhalten steckst du dich bereits selbst in die Friendzone. Denn es gehören immer zwei dazu. Merke dir deshalb auch: Wenn du eigentlich mehr von ihr willst als Freundschaft, solltest du ihr Friendzone-Angebot auch nicht annehmen.

So <u>vermeidest</u> du es erfolgreich, in der Friendzone zu landen: Verhalte dich in erster Linie wie ein Liebhaber, nicht wie *ihre beste Freundin.* Sei nicht der Typ, bei dem sie sich ausheult, sondern der Typ, der sie verführt und bei dem sie eine gute & aufregende Zeit hat. Kriech ihr nicht in den Arsch und trau dich auch mal. Dazu zählt auch körperliche Nähe. Von flüchtigen Berührungen bis zum Kuss.

Praxistipp: Wenn du das nächste Mal ein Mädel kennenlernst, welches dir gefällt, dann komme bereits beim ersten Date zum Kuss. Damit wirst du ihr unmissverständlich zeigen, dass du nicht daran interessiert bist, ihr neuer *bester Kumpel* zu werden. Auf dieser Basis kann eine Friendzone gar nicht erst entstehen!

> *Fehlende Körperlichkeiten sind immer der Hauptgrund für die Friendzone.*

#99: Ich bin in der Friendzone! Wie komme ich wieder raus?

Eins ist sicher: Schönreden kann man sich diese Situation nicht. Es wird ein unglaublicher Akt, da jetzt wieder rauszukommen. Um einiges einfacher wäre es gewesen, wenn du es dazu gar nicht erst hättest kommen lassen (siehe #98).

Das Problem an der Friendzone:
Als Freund bist du für sie inzwischen ein Neutrum. Ein asexueller Mensch. Das hat sich *(je länger die Friendzone schon andauert)* in ihrem Kopf eingebrannt. Von heute auf morgen kannst du ihr Denken daher nicht umdrehen – auch nicht mit irgendwelchen Liebesgeständnissen. Lass so einen Quatsch sein, damit reitest du dich nur noch weiter in die Scheiße rein.

Die Lösung lautet:
Verbringt mehr Zeit miteinander. Zeit zu zweit. Signalisiere ihr dabei Stück für Stück, dass du mehr Interesse an ihr hast, als einfach nur befreundet mit ihr zu sein. Versuche das nicht durch deine Worte zu vermitteln, sondern zeige es durch dein Verhalten. Bedeutet: Verlasse deine Rolle als Nice Guy und verhalte dich ab sofort nicht mehr wie *ihre beste Freundin*, sondern wie ihr Lover. Kurz: Wie ein echter Kerl. Achte dabei auf ihre Reaktionen. Spielt sie mit? Lässt sie mit der Zeit körperliche Nähe und Kussversuche zu? Perfekt. Dann stehen die Chancen gut, sie als Freundin *(im romantischen Sinne)* zu gewinnen. Sei dir aber bewusst: Du wirst sie als gute Freundin *(im platonischen Sinne)* verlieren. Einen Mittelweg gibt es nämlich nicht *(siehe #100)*.

Merke dir: Vertrauen habt ihr in eurer Freundschaft bereits mehr als genug. Jetzt fehlt es nur noch an Anziehung.

#100: Ich liebe meine beste Freundin, möchte sie aber nicht verlieren! Was tun?

Verzweifeltes Wunschdenken! In dieser Konstellation gibt es so etwas wie Freundschaft UND Beziehung nicht. Entweder – oder. Du musst dich für einen der beiden Wege entscheiden. Beides zur gleichen Zeit funktioniert nicht. Denn je nach Ziel wirst du dich ihr gegenüber anders verhalten müssen, was sich wiederum auf deine Anziehung auswirkt und darauf, ob sie dich als attraktiven Mann wahrnimmt oder nur als netten Freund. Da viele Menschen Entscheidungen gerne vor sich herschieben, ist jetzt ein guter Zeitpunkt gekommen, um eine endgültige Entscheidung zu treffen:

Willst du mit deiner besten Freundin weiterhin nur befreundet bleiben, oder willst du dein Verhalten so ändern, dass zwischen euch mehr entstehen kann?

Wie auch immer du dich entscheidest, sei dir bewusst: Es gibt keinen Mittelweg!

Du willst eine Beziehung mit ihr? Dann war es das mit der Freundschaft. Du wirst die freundschaftliche Grenze überschreiten. Sie wird dich nie mehr nur als einen *„guten Freund"* betrachten. Auch du solltest sie nicht mehr nur als gute Freundin betrachten, sondern als attraktive Frau.

Du willst weiterhin nur die Freundschaft mit ihr? Dann war es das mit dem Beziehungsgedanken. Hör auf, dir weiterhin irgendwelche Hoffnungen zu machen und betrachte sie ab sofort wie deine Schwester. Es funktioniert nicht, wenn du ständig dabei denkst *„Vielleicht wird es ja doch noch irgendwann etwas"*. Handel entsprechend und stehe dazu. Dein Mindset entscheidet über alles!

Wichtig: Seid ihr einmal zusammen, gibt es danach kein Zurück mehr in die Friendzone! *„Lass uns Freunde bleiben"* ist totaler Bullshit nach Beziehungen und zeigt nur, dass ihr beide inkonsequent seid. Und einer von euch beiden wird unter dieser erzwungenen Freundschaft immer leiden.

Abschließende Worte

An dieser Stelle hoffen wir beide (ChrissKiss *und Ignatz Rajher*), dass du nicht nur eine Menge gelernt hast, sondern auch viel Spaß beim Lesen hattest. Betrachte deine Reise aber nicht gleich als beendet, nur weil du es bis hierhin geschafft hast. Was zählt, sind immer Praxiserfahrungen. Die Theorie soll dir nur als Motivation zur Veränderung dienen. Dieses Buch ist ein Arbeitsbuch. Du sollst die Informationen also nicht nur lesen, sondern sie auch wirklich in die Realität umsetzen. Nur so wirst du dich dauerhaft verändern, verbessern und Erfolge erzielen.

Vom „zu-Hause-rumsitzen" hat noch keiner seine Traumfrau gefunden. Die eigentliche Arbeit beginnt jetzt! In diesem Sinne wünschen wir beide dir viel Erfolg, tolle Flirts mit Mädels und, dass du auf deiner weiteren Reise glücklich wirst. Willkommen in deinem neuen Leben!

- ChrissKiss und Ignatz Rajher

Bonus-Inhalte und Weiterführendes

Der YouTube-Kanal ChrissKiss

Link: **https://www.youtube.de/ChrissKiss**
Der Kanal von Chris, Autor dieses Buches. Hier findest du Hunderte von Videos zum Thema Flirten, Liebe und Dating und hast außerdem die Möglichkeit, deine Fragen zu stellen oder Feedback zu deinen Chat-Verläufen zu erhalten. Jedes Thema in diesem Buch gibt es dort auch ausführlich als Video mit vielen weiteren Tipps. Wir empfehlen dir, diesen Kanal kostenlos zu abonnieren, damit du auch in Zukunft immer up to date bist!

Der Dating-Blog

Link: **https://www.ChrissKiss.de**
Auf ChrissKiss.de findest du nicht nur alle wichtigen Infos zum YouTube-Kanal, sondern auch einen zusätzlichen Blog zum Thema Dating. In spannenden Artikeln kannst du so die wichtigsten Tipps noch einmal nachlesen und erhältst außerdem einen Einblick in ChrissKiss' Dating-Leben.

Private und anonyme Hilfe von ChrissKiss

Link: **https://www.ChrissKiss.de/private-hilfe**
Du hast ein sehr spezielles Problem, zu dem du keine Antwort in diesem Buch oder auf dem YouTube-Kanal ChrissKiss gefunden hast? Dann erfährst du hier, wie du exklusive Hilfe bei deinem Flirt-Problem bekommst – privat, anonym und ohne Video.

Die Facebookgruppe FC Männer (Flirtclub für Männer)

Link: **https://www.facebook.com/groups/FCMaenner**
Diese Facebookgruppe von ChrissKiss ist eine Community nur für Jungs & Männer, um sich gegenseitig bei Fragen und Problemen zu Liebe, Flirten & Dating zu helfen.

In dieser Gruppe werden keine Frauen & Mädchen zugelassen, damit jeder offen über seine Probleme sprechen kann. Wichtig: Die Gruppe ist geschlossen, niemand kann sehen, was du dort postest und kommentierst *(außer Gruppenmitglieder)*.

Deine Meinung zählt

Feedback im Leben ist immer wichtig. Uns interessiert deshalb auch deine Meinung, was du über dieses Buch denkst:

- Hat es dir gefallen, oder fandest du es grottenschlecht?
- Hat sich beim Lesen etwas tief in dir verändert, oder hat es dich kalt gelassen?
- Hat es dich motiviert, oder bist du nun verwirrter als vorher?
- Fandest du es informativ, oder kanntest du vieles davon bereits?
- War es pure Geldverschwendung, oder mit Abstand die beste Investition deines Lebens?

All das und noch vieles mehr kannst du uns liebend gerne mitteilen. **Bitte** nimm dir dafür ein paar Minuten Zeit, um **eine ehrliche Rezension auf Amazon zu hinterlassen** und uns deine Meinung mitzuteilen. Wir würden deine Meinung sehr zu schätzen wissen.

Natürlich werden wir sie auch lesen, weil wir jede Rezension lesen und als Feedback ansehen. Egal, ob es sich dabei um eine gute oder schlechte Rezension handelt, deine Meinung zählt – für *uns* und für *alle* zukünftigen Leser, die sich noch unsicher sind, ob sich ein Kauf lohnt oder nicht.

Wir danken dir für dein Verständnis, deine Unterstützung und deine Mühe!

- ChrissKiss und Ignatz Rajher

Danksagungen

Ein großer Dank geht an alle Beta-Leser, die uns fleißig dabei unterstützt haben, aus diesem Werk das zu machen, was es heute ist. Vielen Dank an Tobias Lemke, Konstantin Böhm, Daniel Berger (aus Linz), Alexander S., Kai Zimmermann, Francesco (EloLanTV), Rahul und alle anderen, die namentlich nicht genannt werden wollten.

Weiterführende Bücher zum Thema Flirten und Dating

Dir hat das Buch gefallen? Dann gefällt dir mit Sicherheit auch die *„Rise of the Authentic Lover“*-Reihe von Ignatz Rajher.

Alle E-Books und Bücher sind erhältlich auf Amazon:

#1 Rise of the Authentic Lover: Das Erwachen
(E-Book sogar kostenlos)
(ISBN-10: 198101229X)

#2 Rise of the Authentic Lover: Vom Hi bis zum Sex
(ISBN-10: 1549967630)

#3 Rise of the Authentic Lover: Lektionen meiner Verführungen
(ISBN-10: 1983254339)

#4 Rise of the Authentic Lover: Vom Sex bis zur glücklichen Beziehung
(ISBN-10: 1730772587)

#5 Rise of the Authentic Lover: Frauen ansprechen, verführen und behalten im 21. Jahrhundert (Quadrologie)
(ISBN-10: 1793098484)

#6 Rise of the Authentic Lover - Das Arbeitsbuch
(ISBN-10: 1795636645)

Notizen

Notizen

Printed in Poland
by Amazon Fulfillment
Poland Sp. z o.o., Wrocław

52026952R00101